制御工学
―基礎からのステップアップ―

大日方五郎
編著

池田 淳 裕郎
巖見 武郎 悟 俊
大橋 浦 太 勝 大
木澤 見 明 雄
佐藤 橋 富 誠
長縄 澤 勝
中村 藤 明
横山 縄 富
　　 村
　　 山
著

朝倉書店

執 筆 者

池浦 良淳 （いけうら りょうじゅん）	三重大学工学部機械工学科・助教授
巖見 武裕 （いわみ たけひろ）	秋田大学工学資源学部機械工学科・講師
大橋 太郎 （おおはし たろう）	木更津工業高等専門学校電子制御工学科・講師
＊大日方五郎 （おびなた ごろう）	名古屋大学先端技術共同研究センター・教授
木澤 悟 （きざわ さとる）	秋田工業高等専門学校機械工学科・助教授
佐藤 勝俊 （さとう かつとし）	八戸工業高等専門学校機械工学科・教授
長縄 明大 （ながなわ あきひろ）	秋田大学工学資源学部機械工学科・助教授
中村 富雄 （なかむら とみお）	宮城工業高等専門学校電気工学科・助教授
横山 誠 （よこやま まこと）	新潟大学工学部機械システム工学科・助教授

(五十音順, ＊編著者)

まえがき

〜ヒューマノイドロボットの時代が始まろうとしている〜

　ヒューマノイドロボットは人に似せたロボットと定義できようが，その構成要素は，機構系，駆動系，制御系とその上位にある指令系または管理系に分類できる．これらを人のそれに対応づければ，骨格系，筋系，感覚・神経系，大脳・中枢神経系となるであろう．この対応関係からヒューマノイドロボットにおける制御系は，従来から機械の要素であった機構系，駆動系と"人らしさ"根源である大脳・中枢神経を結びつけるものと考えることができる．したがって，まさにロボットにおける中核技術と言えるであろう．

　半導体製造技術とディジタル計算機の発展（ディジタル・テクノロジーの発展）によって，高度なセンサやアクチュエータ駆動装置，高速な信号処理が可能となり，複雑で適応的に動作する制御系の構築が容易になった．制御の技術は，必ずしも新しいものではないが，ディジタル・テクノロジーの発達に支えられて，もう一段飛躍する時にきていると思われる．この時期に，制御工学の教科書を書くことができたのは幸いであり，本書を通して，基礎を身につけ，ヒューマノイドロボットなど高度なメカトロニクス機器の設計開発に挑戦する技術者，研究者が育つことを願っている．

　なお，執筆分担は以下のとおりである．

　　1章：大日方五郎　　　　2章：中村富雄，大橋太郎
　　3章：佐藤勝俊，巖見武裕　4章：池浦良淳
　　5章：横山　誠　　　　　6章：木澤　悟，長縄明大

　最後に，出版に際してお世話頂いた朝倉書店編集部にお礼申し上げます．

2003 年 8 月

著　　者

目　次

1. 「コントロール」とは ･････････････････････････････････････ 1
   1.1 制御技術の歴史 ･･････････････････････････････････････ 1
   1.2 物理量のセンシング/アクチュエーションと制御系の構成 ･････ 4
   1.3 ディジタルコントロールの必要と本書の内容 ･････････････ 6
     1.3.1 さまざまな制御理論 ･････････････････････････････ 6
     1.3.2 本書の内容と使い方 ･････････････････････････････ 7
   練習問題 ･･･ 8

2. 伝達関数 ･･ 9
   2.1 信号伝達と伝達関数 ･････････････････････････････････ 9
     2.1.1 ダイナミカルシステムの表現とモデリング ･･･････････ 9
     2.1.2 伝達関数とは ･･･････････････････････････････････ 13
   2.2 伝達要素とその伝達関数 ･････････････････････････････ 15
     2.2.1 比例要素 ･･･････････････････････････････････････ 15
     2.2.2 微分要素 ･･･････････････････････････････････････ 16
     2.2.3 積分要素 ･･･････････････････････････････････････ 16
     2.2.4 1次遅れ要素 ･･･････････････････････････････････ 18
     2.2.5 2次遅れ要素 ･･･････････････････････････････････ 20
     2.2.6 むだ時間要素 ･･･････････････････････････････････ 21
   2.3 ブロック線図 ･･･････････････････････････････････････ 22
     2.3.1 ブロック線図の基本単位 ･････････････････････････ 22
     2.3.2 ブロック線図の結合法則 ･････････････････････････ 23

　　　　2.3.3　ブロック線図の等価変換 ………………………………… 25
　練習問題 …………………………………………………………………… 26

3. 過渡応答と周波数応答 ……………………………………………… 29
　3.1　基本要素の過渡応答 ………………………………………………… 29
　　3.1.1　入 力 信 号 ……………………………………………………… 29
　　3.1.2　ステップ応答 …………………………………………………… 31
　　3.1.3　インパルス応答 ………………………………………………… 38
　3.2　伝達関数の極，零点と過渡応答 …………………………………… 40
　　3.2.1　極とステップ応答 ……………………………………………… 41
　　3.2.2　代　表　極 ……………………………………………………… 42
　　3.2.3　零点の影響 ……………………………………………………… 43
　3.3　周波数応答とその表し方 …………………………………………… 45
　　3.3.1　周波数応答と伝達関数 ………………………………………… 45
　　3.3.2　基本要素のナイキスト線図 …………………………………… 50
　　3.3.3　基本要素のボード線図 ………………………………………… 56
　練習問題 …………………………………………………………………… 62

4. 安　定　性 ………………………………………………………………… 66
　4.1　安定性とは …………………………………………………………… 66
　4.2　ラウス・フルビッツの安定判別法 ………………………………… 70
　4.3　閉ループシステムの安定性 ………………………………………… 73
　4.4　ナイキストの安定判別法 …………………………………………… 76
　4.5　安 定 余 裕 …………………………………………………………… 81
　練習問題 …………………………………………………………………… 85

5. フィードバック制御系の特性 ………………………………………… 86
　5.1　フィードバックの働き ……………………………………………… 86
　　5.1.1　目標値追従と外乱除去 ………………………………………… 86
　　5.1.2　定　常　特　性 ………………………………………………… 88

5.2 閉ループ伝達関数による性能評価 91
5.3 ロバスト性と制御の働き 94
  5.3.1 モデルの不確かさ 94
  5.3.2 不確かさの記述 97
  5.3.3 スモールゲイン定理 102
練習問題 104

6. コントローラの設計 106
 6.1 時間領域におけるコントローラの設計 106
  6.1.1 根軌跡 106
  6.1.2 PIDコントローラ 108
 6.2 周波数領域におけるコントローラの設計 113
  6.2.1 位相進み・位相遅れ補償 113
 6.3 内部安定性 122
 6.4 安定化コントローラの表現 124
  6.4.1 既約分解 125
  6.4.2 コントローラのパラメータ表現 127
  6.4.3 達成可能な特性とそのパラメータ表現 128
  6.4.4 2自由度制御系 133
 6.5 H_∞ ノルムによる設計仕様の表現とループ整形 138
  6.5.1 H_∞ ノルム 139
  6.5.2 H_∞ ノルム仕様 140
  6.5.3 フリーパラメータによる表現 141
  6.5.4 ループ整形手法 142
 練習問題 143

A. 付録 146
 A.1 ラプラス変換 146
  A.1.1 基本的な関数のラプラス変換 146
  A.1.2 ラプラス変換の性質 150

練習問題 153
　A.2　逆ラプラス変換 154
　　練習問題 156
　A.3　ラプラス変換による常微分方程式の解法 157
　　練習問題 157
　A.4　フルビッツの安定判別条件 158
　A.5　既約分解表現の計算法（制御対象が不安定の場合）........... 159
　　練習問題 162

B.　練習問題解答 163

文　　献 172

索　　引 173

1

「コントロール」とは

　家電製品，ロボット，航空機，人工衛星などの機器類は，制御技術なしではうまく操ることはできない．本書は，この制御技術に関する基礎的な学問である"制御工学"に関する入門書である．この章では，制御技術の歴史について述べたあと，物理量のセンシング/アクチュエーションと制御系の構成について述べる．さらに，制御を実現するために必要となるディジタルコントロールについて述べ，本書の内容と使い方を説明する．

1.1　制御技術の歴史

　石器時代の道具を見てもわかるように，人類は道具，機械とともに歴史をきざんできた．創りだしてきた道具，機械の中で"自動的"という形容詞が似合うもので古い時代のものを調べてみると，図1.1の水時計，図1.2の自動走行

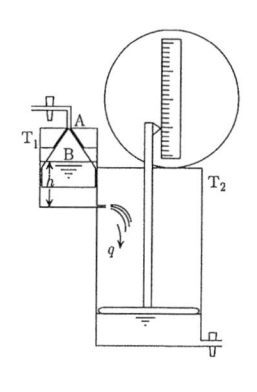

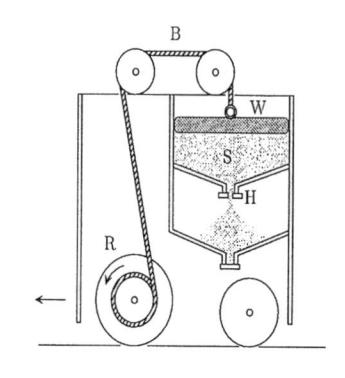

図 1.1　水時計　　　　　　　図 1.2　自動走行車

車がある．水時計ではAから流れ込む水をBの浮きがバルブとなって調節する仕組みがある．タンクT_1内の水位hが低くなるとBが下がりAから流れ込む水量が増大し，逆に水位hが高くなると水量を減らすようにBが上昇するので結果的に水位hはほぼ一定に保持される．hが一定であるとベルヌーイの法則からタンクT_2に流れ込む流量qは一定になるので，"時"が正確に刻まれるわけである．図1.2の走行車では，重りWの下部にある砂SがH穴から流れ出る流量がほぼ一定になることを利用し，Wの下降速度を一定にしてそれをベルトBによって車輪Rに伝えて移動する．重力を利用して"自動的"に走行し，かつ速度がほぼ一定に"制御"される．

近代的なものとしては，James Wattが蒸気機関の回転速度を調節するのに，図1.3に示すような遠心式調速機を使用したことが知られている(1788年)．図からわかるように，この装置は，負荷が増加して回転速度が低下すると，遠心振子Wが下がり，蒸気弁Vが開いて蒸気供給量を増加させ，自動的に回転速度が回復するようになっている．この装置は，速度の回復を速やかにしようとして，微小な回転速度の変化に対して蒸気供給量の変化を大きくしすぎると，速度の増加・減少をくり返す振動現象を起こし，ひどい場合にはその振幅が増大していき装置を破壊するまでに至ることがある．この現象は，ハンティングといわれる．また，このような現象を起こさないように遠心式調速機を設計する問題は制御系の安定問題といわれる．この現象を解明しようとする研究は，J. C. Maxwellによって1868年に行われ制御理論の嚆矢とされる．

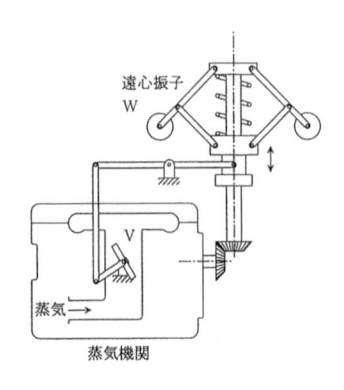

図1.3 遠心式調速機

1.1 制御技術の歴史

このように自動制御の装置や制御の機能を有する機械は長い歴史を持つが，それらが制御技術として統一的にとらえられていたわけではない．個別の要求に対して，それに対応したアイディアの1つとして使われたという程度であった．20世紀に入ると，産業は高度に発達し，機械化時代に入ったため，自動化に対する要求は急速に高まり，それと同時に，各種の分野で現れる制御技術を共通の概念で説明しようとする機運が現れてきた．そのころ，通信技術において大きな関心の的であったフィードバック増幅器と呼ばれる装置の安定問題がベル研究所の H. Nyquist によって検討された (1932年)．Nyquist は，複素関数論を使って周波数特性と呼ばれる装置の動的な特性を記述する方法を整理し，それに基づく安定判別法を与えた．この方法は，周波数特性に基づいているため，安定判別だけでなく信号の伝達特性をも表現できるので，実用的でのちの制御理論の重要な基礎となった．この理論は，第2次世界大戦中，兵器の自動照準や追跡用レーダの開発の際に必要となったサーボ機構に応用され，これを契機として制御理論が体系化された．また，プロセス工業における環境調整のためのプロセス制御にも応用され，大戦後の化学工業，石油工業の発展に大きく貢献した．こうして，制御工学は1つの学問的地歩を築くこととなり，1950年前半までに周波数特性や伝達関数と呼ばれる記述法を用いた制御の理論体系はほぼ完成の域に達した．

1960年代に入ると，制御装置を構成するための電子回路技術や制御の方策を算出するためのディジタル計算機の発達につれて，制御の対象が大規模，複雑なものに拡大された．制御の目的は多様になり制御装置も高度化した．特に，アメリカの宇宙開発計画 (アポロ計画) では，ロケットの誘導制御技術が求められ，動的な最適軌道を計算する最適制御の技術が開発された．この時代の最適制御では，状態空間モデルと呼ばれる連立1階の線形常微分方程式をベースにした記述法が用いられた．1970年にディジタル計算機の主要部を1つの半導体パッケージ (集積回路) に収めたマイクロプロセッサが開発され，それが制御器 (コントローラ) として用いられるようになるが，その後の半導体集積回路の発達はめざましく，急速に性能が向上し，価格が低下して今日に至っている．このディジタルテクノロジーの発達によってさまざまな機器に高度な機能を実現するコントローラを組み込むことができるようになった．この制御のためのハー

ドウェアの発達と並行してコントローラを設計するための理論は，制御対象の変動や不確定性への対応，性能の最適化，学習機能や適応機能を有する制御系の構築などを含めて体系化されていった．発達した制御理論ではさまざまな数学的な記述法や解析法が駆使され，かなり複雑な制御対象をも扱うことが可能になりつつある．また，その具体的設計手順や計算は，グラフィカルなユーザインターフェースを持つコンピュータツールとして市販され，容易に利用できる状態となっている．

1.2 物理量のセンシング/アクチュエーションと制御系の構成

細菌の培養などのために庫内の温度を一定にする図 1.4 に示すような装置を考えよう．庫内温度 T は，温度に比例した電圧 v を出力する温度センサによって測定できる (センシング，sensing)．また，エネルギー準位の異なる半導体をつなぎ合わせたペルチェ素子と呼ばれるものに電流 i を流すと素子の庫内側と外側につけられた放熱フィンを通して熱量 Q が移動する．この熱量 Q が電流 i に比例し，その移動方向は電流の向きが反転すると反転する．したがって，素子に流れる電流を向きまで含めて制御することによって庫内の温度に影響を与えることができる (アクチュエーション，actuation)．このように制御しようとする対象に作用し，制御しようとする量に影響を与える装置をアクチュエータと呼ぶ．電流 i と庫内温度 T の関係は，庫本体と中に置かれたもの全体の熱容量と庫内外の断熱の程度 (熱伝導率) によって決まる．また庫内に何を置くか，庫外の温度と気流によってこの関係は変化してしまうことに注意する．温度を

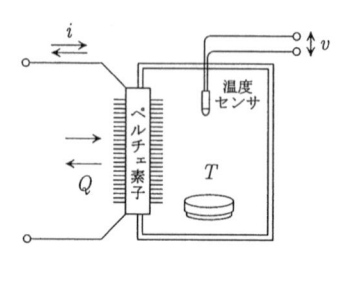

図 1.4　恒温庫

一定にする目的のため，センサ出力 v と目標温度 T^* から素子に流す電流 i をうまく決定して適用すると，ほぼ一定の温度を実現できる．v から i を定める関係式を制御則と呼び，その関係式を電子回路などで実現したものをコントローラ (制御器，controller) と呼ぶ．

ここで，図 1.4 の温度制御システムをブロック線図と呼ばれるもので模式的に表してみよう．制御則は最も簡単でよく用いられる比例制御とすると図 1.5 のようになる．庫内の温度 T は目標温度 T^* と比較するためにそれとの差が計算されて偏差となる．この偏差は，比例制御器によって増幅され，ペルチェ素子への電流を供給するアンプの指令信号となる．偏差がプラスすなわち目標温度の方が実際の温度より高いと，このアンプの働きにより偏差の絶対値に比例した熱量が庫内側に流入して庫内の温度を目標温度に近づけようとする．逆に庫内の温度が目標温度よりも高ければ，熱量が庫外に流出してやはり庫内温度は目標温度に近づく．このように制御された温度は庫外の気流や温度などの環境や庫内に置かれた物体の熱的な特性により変化するが，偏差を小さく抑えようとする動作が適切であるとそれらの影響が小さく抑えられ性能の良い恒温庫が実現される．この制御系では，制御しようとする量 (制御量) である温度が，その温度 (結果) を左右する (原因となる) 熱源の指令信号の生成に使われている．このように制御量がその原因側に戻されて利用される制御を**フィードバック制御**(feedback control) と呼ぶ．フィードバック制御において着目すべき点は，庫外環境や庫内に入れる物体などの不確定な変動要素に対して，コントローラの設定が適切であれば，それらの不確定要素の特性を正確に知ることなく温度制御の目的が達成できる可能性があることである (フィードバック制御を用いない場合には，庫外環境や入れる物体が変わるたびに出し入れする熱量を計算しなおしてペルチェ素子を動作させるという煩雑な方法を適用しなければならなくなることに注意せよ)．

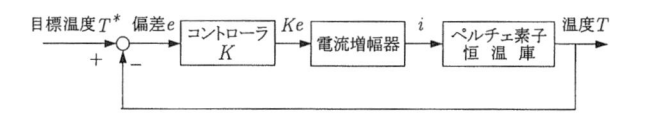

図 1.5 フィードバック制御系

ここで，1.1節で説明した例を振り返ってみよう．図1.1の水時計では，Bの浮きは水位を測るセンサの役割をはたすと同時に，その水位に影響を与える水の入り口Aの面積を変化させるアクチュエータ(バルブ)の役割もはたしている．図1.3の遠心式調速機では，遠心振り子Wが回転速度を測るセンサの役割をはたし，振り子角度をバルブVの角度に変換するリンク機構とともにアクチュエータの働きも行っている．これらは，いずれも制御量を検出し，それをその原因側にフィードバックしてアクチュエータを動作させているという意味で図1.5の恒温庫の制御系と同じフィードバック制御系である．電子的な検出器(センサ)や電気・機械(メカトロニクス)的なアクチュエータ，そして電子的なコントローラのない時代の巧みな工夫が感じられる．これらに対し，図1.2の自動走行車では仕組みの中にこのようなフィードバックの働きは含まれていない．一定の速度を実現するため砂が一定の流量で落ちることと一定の重力が作用することを利用しているが，路面に石などがあり速度が変化した場合にそれを補正する働きはない．このような制御法は**フィードフォワード制御**(feedforward control)と呼ばれている．フィードフォワード制御は重要な制御法の1つであるが，フィードバック制御と比較して理論的な難しさは小さい．

1.3　ディジタルコントロールの必要と本書の内容

本節では，本書の範囲外の制御理論と実際の制御装置を設計・製作するために必要な技術を説明し，それらと本書の内容の関係を示す．

1.3.1　さまざまな**制御理論**

本書で扱う制御のための理論は，1930年代後半から1950年代にかけて完成された古典制御理論をベースとして記述してある．他の制御理論として，制御対象を数学的に記述する際に1階の連立常微分方程式である状態方程式と呼ばれるものをベースにして1960年代に発達した「現代制御理論」があるが，これは本書では扱われていない(1.1節を参照のこと)．1980年頃から，制御の意味を本質的に明らかにしようとする努力がなされる一方で，マイクロプロセッサとその周辺回路をコントローラとして使用する技術が完成に向かうと同時に

個別装置の制御を超えた工場などのシステム全体を通した管理制御などについても検討されるようになる．本書では，これら発達した理論の中から基礎として重要と思われることをピックアップして追加し，古典制御理論の現代的適応をはかっている．

マイクロプロセッサをコントローラとするためには，その動作原理上，次の2つのことに配慮する必要がある．1つは，マイクロプロセッサがプログラムに従い演算処理するそのシステム構造上の問題から派生する．それは，マイクロプロセッサが同時に複数の処理を行うことができないためコントローラ入力を時間連続で観測し，その出力を時間連続で変更することは不可能となることである．このため，コントローラへの入出力を時間の連続関数としてではなく時系列 (時間の順にならんだ数列) として扱う必要があり，離散時間システムという概念が導入された．離散時間システムとしての制御対象に対するコントローラも離散時間システムとすることにより，マイクロプロセッサの動作にマッチしたコントローラの設計が可能となる．このための設計理論として「ディジタルコントロール」が体系化された．しかし実際には，実在する制御対象の多くは連続する時間で動作するので，ディジタルコントローラを含めた実際の制御系では，離散時間動作のコントローラと連続時間動作の制御対象が混雑する．このことに配慮したサンプル値制御理論も整備されている．

制御技術の発達とコントローラを構成するディジタルパーツの低コスト化のために，制御技術が家庭電化製品から宇宙開発まで極めて広い範囲で用いられるようになっている．このため制御する対象の広がりとともに，制御の目的も多岐にわたるようになった．制御対象の特性が大幅に変化するものや制御の目的が状態に依存して変化するような問題が扱われるようになり，より一般的な非線形の制御問題が議論され，有効な制御法の確立を目指して，研究が進んでいる．

1.3.2 本書の内容と使い方

制御工学を支える理論は今も発展を続けており，高度な自動制御機能を備えた機械はさらに広がりつつある．制御工学が対象とするものは多様であり，その特性が複雑で制御が困難なものも多く存在する．本書は，大学や工業高等専

門学校の機械系，電気系，制御系学科で制御工学をはじめて学習する学生のための教科書として書かれている．この目的から，本書で扱う制御対象はその特性が良く理解され，また制御システムとして実用化できるものに限定されている．すなわち，線形動的システムと呼ばれるクラスである．実在するより複雑な非線形システムの一部は線形近似を行うことによって，本書の制御法によって十分に制御できることが知られている．さらに本書が扱う線形制御理論は体系的であり，理論的な見通しの良さに加えてより複雑な対象を扱う制御理論の基礎を与えるという意味でも重要である．1.3.1項で述べたが，実際のコントローラの大半が「ディジタルコントローラ」となっているので，この教科書の内容のみで実用的な制御技術が理解できる訳ではない．実用的な技術の習得のためには，本書の学習後に「ディジタルコントローラ」について学習すべきである．

　本書は2章から6章まで，それぞれのまとまりで構成されているが，2章と3章は，制御系設計の中心課題である4章，5章，6章を学習するための前提となる基礎を与えてあるから，先行して学習する必要がある．6.4節，6.5節は多くの入門書では記述されていないが，次のステップへの足がかりとして重要な考え方であるのであえて加えてある．付録には，2章での伝達関数の定義に必要な数学的な基礎としてラプラス変換に関する事項をまとめてある．各章には練習問題を与え，理解の程度を確認できるように配慮した．

練習問題

1.1 ある物体を指で指摘するという外見的に単純な動作は，人間の目，腕，手と指先，および頭脳を主たる構成要素とする生物学的制御システムのもとに生じる．このシステムの中に存在するフィードバックの働きがわかるようにブロック線図を作成せよ．

2

伝 達 関 数

 制御系を解析・設計するには，対象となるシステムの動的挙動を詳細に把握しなければならない．そのためには，対象とするシステムと同等の入出力特性を持つ数学モデルが必要となる．我々が対象とする物理システムはおもに微分方程式でモデリングされるが，さらに，解析・設計用の数学モデルとして伝達関数が用いられる．そして，制御系を構成する各要素の信号の流れはブロック線図によって視覚的に表現される．本章では，制御系の解析・設計の基礎となる伝達関数とブロック線図について説明する．

2.1 信号伝達と伝達関数

2.1.1 ダイナミカルシステムの表現とモデリング

 制御 (control) とは，ある目的に適合するように，対象となっているものに所要の操作を加えることであり，機械・電気・化学・医学などさまざまなシステム (system) が対象となる．そして，システムはある目的のために機能する要素の集合で，外部の環境と物質・エネルギー・情報などのやり取りをしている．図 2.1 に示すように，システムに何らかの変化を起こさせる原因となる入力 (input) を加えると，その結果としての出力 (output) が現れる．システムの現

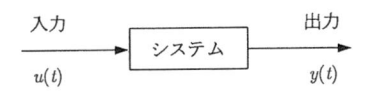

図 2.1 システムの入出力関係

在の出力が現在の入力のみに依存する場合，そのシステムを**静的システム**(static system) と呼ぶ．また，現在の出力が過去の入力にも依存する場合，そのシステムを**動的システム**(dynamical system) またはダイナミカルシステムと呼ぶ．以下に述べるように，ダイナミカルシステムは，その性質によってさらに様々なクラスに分類される．

対象とするシステムが熱プロセスや化学プロセスのような**分布定数システム**(distributed-parameter system) と呼ばれる場合には，その挙動は時間および空間座標を独立変数とした偏微分方程式で表される．しかし，その数学的取り扱いはかなり複雑であり，応用上はいくつかの仮定のもとに，時間のみを独立変数とした常微分方程式で表現される**集中定数システム**(lumped-parameter system) としてモデリングする場合が多い．

システムの性質が時間原点の選び方に無関係で変わらない場合，そのシステムを**時不変システム**(time invariant system) といい，変わる場合，**時変システム**(time varying system) という．すなわち，時不変システムの場合には図 2.2 のように，入力 $u(t)$ を加えたときの出力を $y(t)$ とし，次に時間 τ を任意に選んで $u(t-\tau)$ を入力として加えたとき，その出力は $y(t-\tau)$ となる．

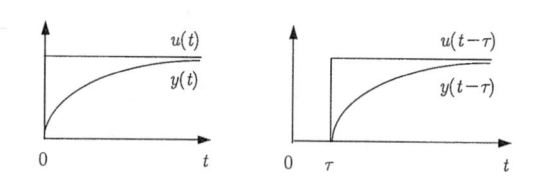

図 2.2 時不変性

システムの入出力関係において，次に示す重ね合わせの原理 (線形性) が成り立つシステムを**線形システム**(linear system) といい，その他のシステムを**非線形システム**(nonlinear system) という．すなわち，線形システムの場合には図 2.3 のように，入力 $u_1(t)$ に対する出力を $y_1(t)$，入力 $u_2(t)$ に対する出力を $y_2(t)$ とすると，入力として $au_1(t) + bu_2(t)(a, b$ は定数) を加えたとき，出力は $ay_1(t) + by_2(t)$ となる．このような性質を重ね合わせの原理という．実システムのほとんどは非線形システムである．しかし，動作範囲が狭い場合などに

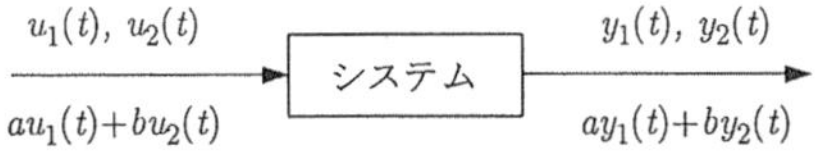

2.1 信号伝達と伝達関数

```
u_1(t), u_2(t)         y_1(t), y_2(t)
─────────────→ [システム] ─────────────→
au_1(t)+bu_2(t)        ay_1(t)+by_2(t)
```

図 2.3 線形性

は，線形化して線形システムとして取り扱うことができる．

さて，制御系を解析・設計するには，対象となるシステムの動的挙動を詳細に検討しなければならない．そのためにシステムの動的特性を数式を用いてモデリングしたものを**数学モデル**(mathematical model) と呼ぶ．本書でおもに取り扱う，線形で時不変な集中定数システムは，入力を $u(t)$，出力を $y(t)$ とすると，一般に次のような微分方程式で表される．

$$\frac{d^n y(t)}{dt^n} + a_{n-1}\frac{d^{n-1} y(t)}{dt^{n-1}} + \cdots + a_0 y(t)$$
$$= b_m \frac{d^m u(t)}{dt^m} + b_{m-1}\frac{d^{m-1} u(t)}{dt^{m-1}} + \cdots + b_0 u(t) \tag{2.1}$$

これを定係数線形システムといい，このような数学モデルを定めることによって，ダイナミカルシステムを統一的に解析することが可能となる．次に，機械力学系と電気回路系を例にとって，それらのモデリングについて考える．

機械力学系を構成する基本要素は，ばね，ダンパ，質量であり，これらの要素に作用する力 $f(t)$ [N] と速度 $v(t)$ [m/sec] および変位 $x(t)$ [m] との間には表 2.1 に示す関係が成り立つ．

表 2.1 機械力学系の基本要素

ば ね	ダンパ	質 量
$f(t) = K \int v(t)dt$	$f(t) = Dv(t)$	$f(t) = M\dfrac{dv(t)}{dt}$
$= Kx(t)$	$= D\dfrac{dx(t)}{dt}$	$= M\dfrac{d^2 x(t)}{dt^2}$
K：ばね定数 [N/m]	D：粘性係数 [N/(m/sec)]	M：質量 [kg]

いま，図 2.4 のような質量・ダンパ・ばね系を考えると，ニュートンの運動の法則より，次の運動方程式が成り立つ．

$$M\frac{d^2 x(t)}{dt^2} + D\frac{dx(t)}{dt} + Kx(t) = f(t)$$

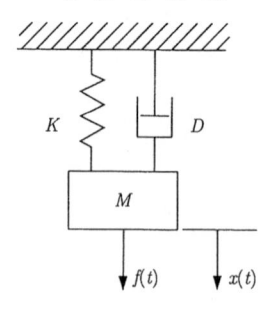

図 2.4 ダンパ・質量・ばね系

　一方，電気回路系を構成する基本要素は，抵抗，コンデンサ，コイルであり，これらの要素の両端の電圧 $v(t)$ [V] と電流 $i(t)$ [A] および電荷 $q(t)$ [C] との間には表 2.2 に示す関係が成り立つ．

表 2.2　電気回路系の基本要素

コンデンサ	抵 抗	コイル
$v(t) = \dfrac{1}{C}\int i(t)dt$	$v(t) = Ri(t)$	$v(t) = L\dfrac{di(t)}{dt}$
$= \dfrac{1}{C}q(t)$	$= R\dfrac{dq(t)}{dt}$	$= L\dfrac{d^2q(t)}{dt^2}$
C : キャパシタンス [F]	R : 抵抗 [Ω]	L : インダクタンス [H]

　ここで，図 2.5 のような RLC 回路を考えると，キルヒホッフの電圧則より，次の回路方程式が成り立つ．

$$L\frac{di(t)}{dt} + Ri(t) + \frac{1}{C}\int i(t)dt = v(t)$$

または，

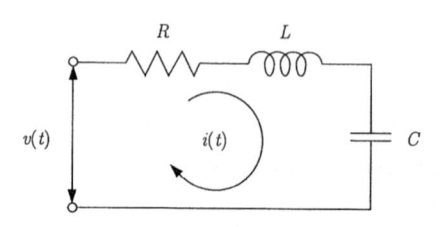

図 2.5　RLC 回路

$$L\frac{d^2q(t)}{dt^2} + R\frac{dq(t)}{dt} + \frac{1}{C}q(t) = v(t)$$

上述の機械力学系と電気回路系を比較すると,ある物理量の間に相似関係 (analogy) が成り立っていることがわかる.このような関係は,液面系や熱系などでも成り立ち,表 2.3 のようにまとめられる.

表 2.3 各種システムの相似関係

概念	機械力学系	電気回路系	液面系	熱系
ポテンシャル P	力 f[N]	電圧 v[V]	液位 h[m]	温度 θ [K]
チャージ Q	変位 x[m]	電荷 q[C]	液量 Q[m^3]	熱量 Q[J]
流量 $F = Q/t$	速度 v[m/sec]	電流 i[A]	流量 q[m^3/sec]	熱流量 q[J/sec]
抵抗 $R = P/F$	摩擦抵抗 D[N/(m/sec)]	抵抗 R[Ω]	流動抵抗 R[m/(m^3/sec)]	熱抵抗 R[K/(J/sec)]
容量 $C = Q/P$	コンプライアンス *1) $1/K$[m/N]	キャパシタンス C[F]	液面積 S[m^2]	熱容量 C[J/K]
インダクタンス L	質量 M[kg]	インダクタンス L[H]		

*1) (ばね定数) の逆数の次元を持つ量で軟らかさの指標である.

このような対応関係を理解することによって,さまざまなシステムを共通の概念で取り扱うことができる.

2.1.2 伝達関数とは

伝達関数(transfer function) とは,すべての初期値を零にしたときの出力と入力とのラプラス変換の比である.すなわち,定係数線形システム (線形でかつ時不変のシステム) へ入力 $u(t)$ を加えたときの出力を $y(t)$ としたとき,伝達関数は次のように示される.

$$G(s) = \frac{Y(s)}{U(s)} = \frac{\mathcal{L}[y(t)]}{\mathcal{L}[u(t)]} \tag{2.2}$$

したがって,ラプラス演算子の s 領域 (複素領域) では出力 $Y(s)$ が伝達関数 $G(s)$ と入力 $U(s)$ の掛け算で与えられる.

$$Y(s) = G(s)U(s) \tag{2.3}$$

時間領域での出力 $y(t)$ を求めるには，逆ラプラス変換により計算することができる．

$$y(t) = \mathcal{L}^{-1}[Y(s)] = \mathcal{L}^{-1}[G(s)U(s)] \tag{2.4}$$

いま，$G(s)$ の逆ラプラス変換を $g(t)$ とすると，時間領域での入出力関係は次のようにたたみ込み積分で与えられる．

$$y(t) = \int_0^t g(\tau)u(t-\tau)d\tau \tag{2.5}$$

式 (2.3) と式 (2.5) を比較してわかるように，伝達関数を導入することにより，システムの入出力関係が s 領域では単なる掛け算で表されるので取り扱いが簡単になる．ただし，伝達関数はシステムの入出力に関する伝達特性のみに注目したものであり，初期値の影響を無視していることと，システム内部の動作状態は考慮されていないことに注意しておかなければならない．

さて，システムへの入力 $u(t)$ と出力 $y(t)$ の関係が n 階の微分方程式で記述される，一般的な，n 次の定係数線形システムについて考える．

$$\begin{aligned}\frac{d^n y(t)}{dt^n} &+ a_{n-1}\frac{d^{n-1}y(t)}{dt^{n-1}} + \cdots + a_0 y(t) \\ &= b_m \frac{d^m u(t)}{dt^m} + b_{m-1}\frac{d^{m-1}u(t)}{dt^{m-1}} + \cdots + b_0 u(t)\end{aligned} \tag{2.6}$$

初期値をすべて零とした上式のラプラス変換は

$$\begin{aligned}(s^n &+ a_{n-1}s^{n-1} + \cdots + a_0)Y(s) \\ &= (b_m s^m + b_{m-1}s^{m-1} + \cdots + b_0)U(s)\end{aligned} \tag{2.7}$$

である．したがって，伝達関数は次のような有理関数で表される．

$$G(s) = \frac{Y(s)}{U(s)} = \frac{b_m s^m + b_{m-1}s^{m-1} + \cdots + b_0}{s^n + a_{n-1}s^{n-1} + \cdots + a_0} \tag{2.8}$$

上式の伝達関数は，$n \geqq m$ のとき**プロパー**(proper) であるといい，$n > m$ のとき**厳密にプロパー**(strictly proper) であるという．また，

$$b_m s^m + b_{m-1}s^{m-1} + \cdots + b_0 = 0 \tag{2.9}$$

および
$$s^n + a_{n-1}s^{n-1} + \cdots + a_0 = 0 \tag{2.10}$$

の根は実根と共役複素根からなり，式 (2.9) の根を $G(s)$ の**零点**(zero)，式 (2.10) の根を $G(s)$ の**極**(pole) という．

式 (2.8) の $G(s)$ は次の形に書き換えることができる．

$$G(s) = \frac{K \prod_{h=1}(s+q_h) \prod_{l=1}[s+(\beta_l+j\rho_l)][s+(\beta_l-j\rho_l)]}{\prod_{i=1}(s+p_i) \prod_{k=1}[s+(\alpha_k+j\sigma_k)][s+(\alpha_k-j\sigma_k)]} \tag{2.11}$$

ただし，$\prod$ は要素の積を表す記号である．したがって，式 (2.11) から，n 次の伝達関数は定数 K と s の 1 次式や 2 次式などの基本的な要素の積で表されることがわかる．そこで，これらの基本的な要素の特性を知っていれば，高次のシステムの取り扱いも容易となる．次節では，いくつかの例をあげて，基本的な伝達要素とその伝達関数について説明する．

2.2 伝達要素とその伝達関数

2.2.1 比 例 要 素

ある時点の出力 $y(t)$ がその時点の入力 $u(t)$ に比例する要素を**比例要素**(proportional element) という．

$$y(t) = Ku(t) \tag{2.12}$$

ここで，K をゲイン定数 (gain constant) という．伝達関数は次式のように表される．

$$G(s) = \frac{Y(s)}{U(s)} = K \tag{2.13}$$

比例要素の例としては，図 2.6 に示すような機械力学系のばね定数が K であるばねに作用する力 $f(t)$ とばねの変位 $x(t)$ の関係や，電気回路系の抵抗 R に流れる電流 $i(t)$ と端子電圧 $v(t)$ との関係などが考えられる．その他にも，角度に応じた電圧を出力するポテンショメータなど，制御系で利用される多くの変換器や計測器が比例要素である．

入力：$f(t)$，出力：$x(t)$

$f(t) = Kx(t)$

$\dfrac{X(s)}{F(s)} = \dfrac{1}{K}$

(a) 機械力学系

入力：$v(t)$，出力：$i(t)$

$v(t) = Ri(t)$

$\dfrac{I(s)}{V(s)} = \dfrac{1}{R}$

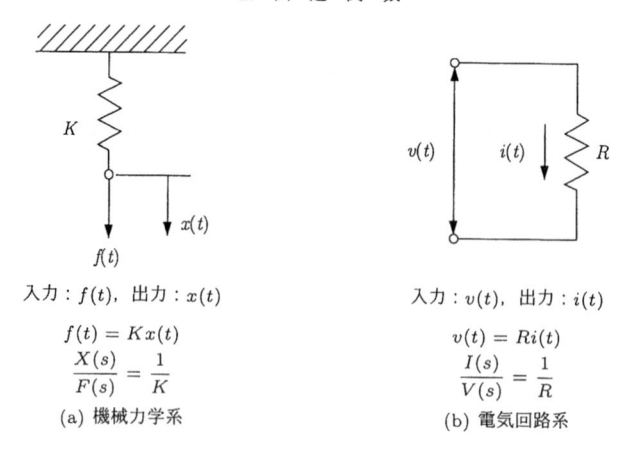

(b) 電気回路系

図 2.6　比例要素

2.2.2　微 分 要 素

次式のように出力 $y(t)$ が入力 $u(t)$ の微分値に比例する要素を**微分要素**(derivative element) という．

$$y(t) = T_D \frac{du(t)}{dt} \tag{2.14}$$

この要素の伝達関数は次式のように示される．

$$G(s) = \frac{Y(s)}{U(s)} = T_D s \tag{2.15}$$

ここで，T_D は微分時間 (derivative time) という．

微分要素の例としては，図 2.7 に示すような，粘性係数が D であるダンパに作用する力 $f(t)$ と変位 $x(t)$ との関係やインダクタンスが L であるコイルを流れる電流 $i(t)$ と端子電圧 $v(t)$ との関係が対応する．ただし，現実のインダクタンス素子には必ず損失があるので純粋な微分素子ではなく，近似的に微分要素として扱われる．他の実在要素も同様に扱われることが多い．

2.2.3　積 分 要 素

次式のように出力 $y(t)$ が入力 $u(t)$ の積分値に比例する要素を**積分要素**(integral element) という．

$$y(t) = \frac{1}{T_I} \int_0^t u(t)dt \tag{2.16}$$

2.2 伝達要素とその伝達関数

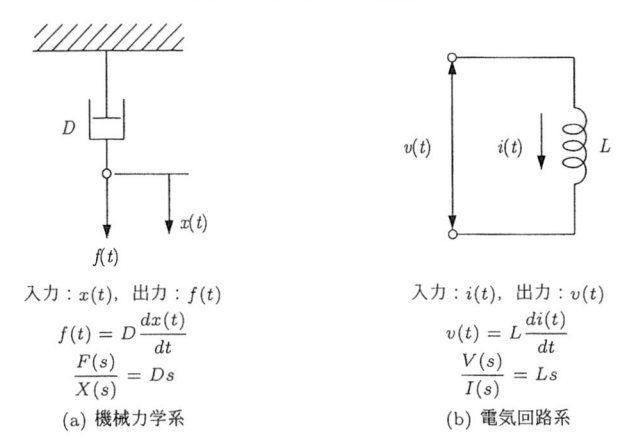

入力：$x(t)$, 出力：$f(t)$
$$f(t) = D\frac{dx(t)}{dt}$$
$$\frac{F(s)}{X(s)} = Ds$$
(a) 機械力学系

入力：$i(t)$, 出力：$v(t)$
$$v(t) = L\frac{di(t)}{dt}$$
$$\frac{V(s)}{I(s)} = Ls$$
(b) 電気回路系

図 2.7 微分要素

この要素の伝達関数は次式のように示される.

$$G(s) = \frac{Y(s)}{U(s)} = \frac{1}{T_I s} \tag{2.17}$$

ここで, T_I は積分時間 (integral time) という.

積分要素の例としては, 図 2.8 に示すような, 質量 M の物体に作用する力 $f(t)$ と物体の速度 $v(t)$ との関係やキャパシタンスが C であるコンデンサを流れる電流 $i(t)$ と端子電圧 $v(t)$ との関係が対応する.

入力：$f(t)$, 出力：$v(t)$
$$f(t) = M\frac{dv(t)}{dt}$$
$$\frac{V(s)}{F(s)} = \frac{1}{Ms}$$
(a) 機械力学系

入力：$i(t)$, 出力：$v(t)$
$$v(t) = \frac{1}{C}\int i(t)dt$$
$$\frac{V(s)}{I(s)} = \frac{1}{Cs}$$
(b) 電気回路系

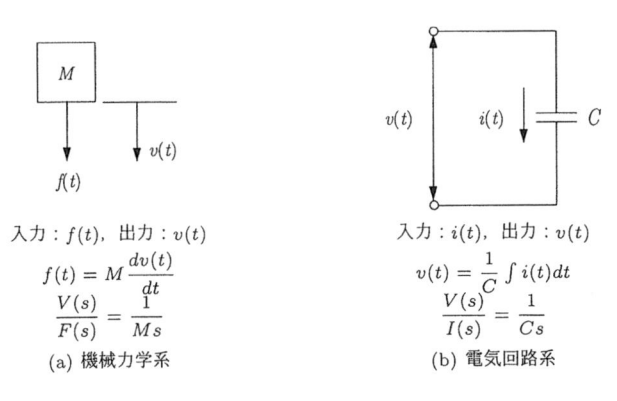

図 2.8 積分要素

2.2.4 1次遅れ要素

入力 $u(t)$ と出力 $y(t)$ の関係が,次のような1階の微分方程式で表される要素を **1次遅れ要素**(first order lag element) という.

$$T\frac{dy(t)}{dt} + y(t) = u(t) \tag{2.18}$$

この要素の伝達関数は

$$G(s) = \frac{Y(s)}{U(s)} = \frac{1}{1+Ts} \tag{2.19}$$

である.ここで,T は時定数という[*1].1次遅れ要素の例として,図2.9に示すばね・ダンパ系と RC 回路が考えられる.

はじめに,図2.9(a) のばね・ダンパ系について考える.ばね両端の変位 $x(t)$ と $y(t)$ をそれぞれ入力と出力とし,D をダンパの粘性係数,K をばね定数とすると,力の釣り合いより次の微分方程式が得られる.

$$D\frac{dy(t)}{dt} = K(x(t) - y(t))$$

初期値を零とした上式のラプラス変換は

$$DsY(s) = K(X(s) - Y(s))$$

となり,出力 $Y(s)$ と入力 $X(s)$ の比をとれば,次式のように伝達関数が得られる.

$$G(s) = \frac{Y(s)}{X(s)} = \frac{K}{Ds+K} = \frac{1}{1+Ts}$$

ただし,$T = D/K$ である.

次に,図2.9(b) の RC 回路において入力電圧 $v_i(t)$ から出力電圧 $v_o(t)$ への伝達関数を求めてみよう.R を抵抗,C をキャパシタンスとし,回路を流れる電流を $i(t)$ とすると,キルヒホッフの法則から次の関係が成り立つ.

$$v_i(t) = Ri(t) + v_o(t)$$

[*1] 詳細は 3.1.2 項 (1) を参照すること.

2.2 伝達要素とその伝達関数

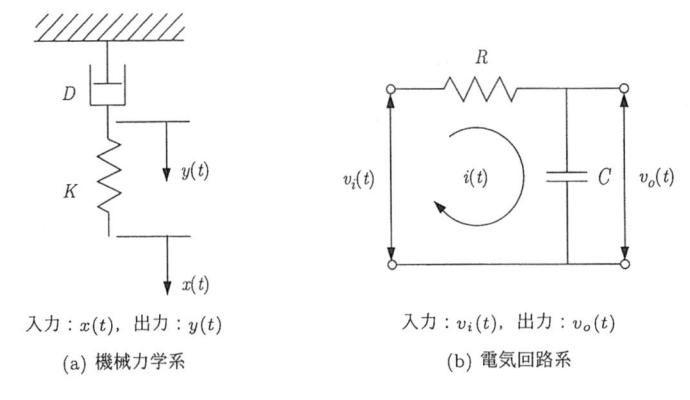

入力 : $x(t)$, 出力 : $y(t)$
(a) 機械力学系

入力 : $v_i(t)$, 出力 : $v_o(t)$
(b) 電気回路系

図 2.9　1 次遅れ要素

$$v_o(t) = \frac{1}{C}\int i(t)dt$$

上式をそれぞれ初期値をゼロとしてラプラス変換すると次のようになる.

$$V_i(s) = RI(s) + V_o(s)$$

$$V_o(s) = \frac{1}{Cs}I(s)$$

両式から $I(s)$ を消去して, 出力と入力の比をとれば, 伝達関数は次式となる.

$$G(s) = \frac{V_o(s)}{V_i(s)} = \frac{1}{RCs+1} = \frac{1}{1+Ts}$$

ただし, $T = CR$ である.

ところで, 伝達関数が

$$G(s) = 1 + Ts \tag{2.20}$$

で表される要素を **1 次進み要素**(first order lead element) という. 1 次遅れ要素と 1 次進み要素を組み合わせた伝達関数

$$G(s) = \frac{1+T_1 s}{1+T_2 s} \tag{2.21}$$

において, $T_1 > T_2$ の場合には位相進み要素, $T_1 < T_2$ の場合には位相遅れ要素といい, 制御系の特性改善のための補償要素として用いられる[*1)].

[*1)]　詳細は 6.2.1 項を参照すること.

2.2.5 2次遅れ要素

入力 $u(t)$ と出力 $y(t)$ の関係が,次の2階の微分方程式で表される要素を **2次遅れ要素**(second order lag element) という.

$$\frac{d^2y(t)}{dt^2} + 2\zeta\omega_n\frac{dy(t)}{dt} + \omega_n^2 y(t) = \omega_n^2 u(t) \tag{2.22}$$

この要素の伝達関数は,

$$G(s) = \frac{Y(s)}{U(s)} = \frac{\omega_n^2}{s^2 + 2\zeta\omega_n s + \omega_n^2} \tag{2.23}$$

である.ここで,ζ は減衰係数,ω_n は固有角周波数という[*1].式 (2.23) において $\zeta < 1$ の場合を特に2次振動系と呼ぶこともある.2次遅れ要素の例として,図 2.10 に示されるばね・質量・ダンパ系と RLC 回路が考えられる.

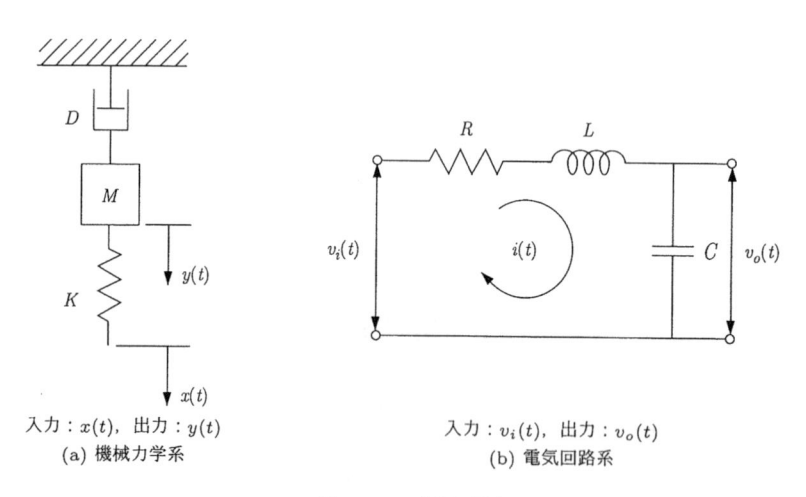

入力:$x(t)$,出力:$y(t)$
(a) 機械力学系

入力:$v_i(t)$,出力:$v_o(t)$
(b) 電気回路系

図 2.10 2次遅れ要素

図 2.10(a) のばね・質量・ダンパ系において,静止状態からのばね下端の変位 $x(t)$ を入力,質量 M の物体の変位 $y(t)$ を出力としたときの伝達関数を求めてみよう.運動方程式は次式で与えられる.

$$M\frac{d^2y(t)}{dt^2} = K(x(t) - y(t)) - D\frac{dy(t)}{dt}$$

[*1] 詳細は 3.1.2 項 (2) を参照すること.

初期値を零としてラプラス変換し，伝達関数を求めると次式が得られる．
$$G(s) = \frac{Y(s)}{X(s)} = \frac{K}{Ms^2 + Ds + K} = \frac{\omega_n^2}{s^2 + 2\zeta\omega_n s + \omega_n^2}$$
ただし，$\omega_n = \sqrt{K/M}$, $\zeta = D/(2\sqrt{MK})$ である．

次に，図 2.10(b) の RLC 回路において，$v_i(t)$ を入力，コンデンサの端子電圧 $v_o(t)$ を出力とすると，次の回路方程式が成り立つ．
$$v_i(t) = Ri(t) + L\frac{di(t)}{dt} + v_o(t)$$
$$v_o(t) = \frac{1}{C}\int i(t)dt$$
初期値を零として，上式をそれぞれラプラス変換すると次のようになる．
$$V_i(s) = RI(s) + LsI(s) + V_o(s)$$
$$V_o(s) = \frac{1}{Cs}I(s)$$
両式から $I(s)$ を消去して，出力と入力の比をとれば，伝達関数は次式となる．
$$G(s) = \frac{V_o(s)}{V_i(s)} = \frac{1}{LCs^2 + RCs + 1} = \frac{\omega_n^2}{s^2 + 2\zeta\omega_n s + \omega_n^2}$$
ただし，$\omega_n = 1/\sqrt{LC}$, $\zeta = (R/2)\sqrt{C/L}$ である．

2.2.6 むだ時間要素

出力 $y(t)$ が入力 $u(t)$ と波形は同じであるが，次のようにある時間 L だけ遅れて出力に現れる要素を**むだ時間要素**(dead time element) という．
$$y(t) = u(t - L) \tag{2.24}$$
ここで，L をむだ時間 (dead time) という．この伝達関数は次のような指数関数で表される．
$$G(s) = \frac{Y(s)}{U(s)} = e^{-Ls} \tag{2.25}$$
むだ時間の例として，図 2.11(a) のようにパイプで水を流しながら A 点で染料を注入し，B 点でその変化を観測する場合や，図 2.11(b) のように A 点で鋼材を圧延し，B 点で厚みを計測する場合などが考えられる．AB 間の距離が d で速度が v とすると，$L = d/v$ の時間遅れを生ずる．

22   2. 伝 達 関 数

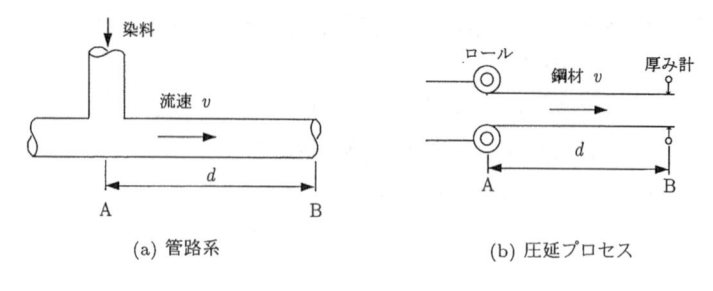

(a) 管路系

(b) 圧延プロセス

図 2.11　むだ時間要素

2.3　ブロック線図

2.3.1　ブロック線図の基本単位

2.2 節で述べたように，一般に制御系は複数の伝達要素によって構成される．その要素が組み合わされてできているシステムにおいて，構造や信号の流れを直感的に理解するためには，数式よりも図式化して表した方がわかりやすい．制御工学で最もよく用いられるのは，**ブロック線図**(block diagram) である．ブロック線図は，制御系の各要素を四角の枠で囲み，それに出入りする信号を矢印で表したものである．そのブロック線図は図 2.12 で示す 4 つの基本単位で表現できる．

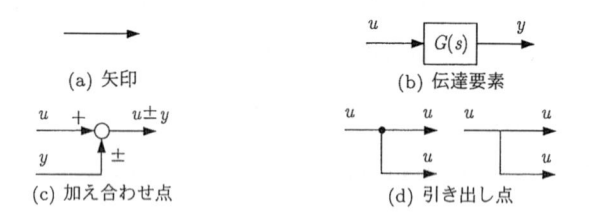

(a) 矢印

(b) 伝達要素

(c) 加え合わせ点

(d) 引き出し点

図 2.12　ブロック線図の基本単位

(a) 矢印

　信号は必ず定まった一方向に伝達するので，その方向に矢印がつけられる．
(b) 伝達要素

　入出力を示す矢印の線と伝達要素を四角の枠で囲んで表す．枠の中には伝

達要素や伝達関数を書く．
(c) 加え合わせ点
2つ以上の信号が加算（あるいは減算）される場合には，加え合わせ点を○印で表す．加算の場合には＋(減算の場合には−)の符号を付ける．
(d) 引き出し点
1つの信号が2つ以上の方向に分岐する場合には，引き出し点を●印で表す．なお，●印は図2.12(d)のように省略されることがあり，本書では省略して表記するものとする．

2.3.2 ブロック線図の結合法則

伝達要素における結合方法には，次に示す3つの基本的な結合があり，これらの結合法則を用いるとブロック線図が簡単に表現できる．

(1) 直列結合

直列結合(tandem connection) された要素の伝達関数は，図 2.13 のように各要素の伝達関数の積で表される．要素の数が多くなってもこの関係は成り立ち，全体の伝達関数は各要素の伝達関数の積として表される．

図 2.13 ブロック線図の直列結合

図 2.13 より
$$z = G_1(s)u, \quad y = G_2(s)z$$
であるから
$$y = G_2(s)G_1(s)u = G_1(s)G_2(s)u$$
となる．

(2) 並列結合

並列結合(parallel connection) された要素の伝達関数は，図 2.14 のように各要素の伝達関数の和（または差）で表される．要素の数が多くなってもこの関

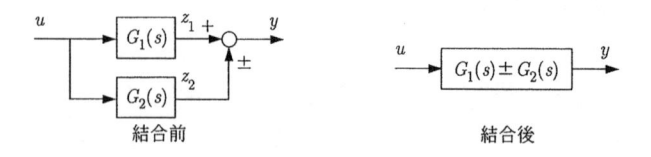

図 2.14 ブロック線図の並列結合

係は成り立つ.

図 2.14 より

$$z_1 = G_1(s)u, \quad z_2 = G_2(s)u, \quad y = z_1 \pm z_2$$

であるから

$$y = G_1(s)u \pm G_2(s)u = \{G_1(s) \pm G_2(s)\}u$$

となる.

(3) フィードバック結合

フィードバック結合(feedback connection) は,要素 $G_1(s)$, $G_2(s)$ を用いると,図 2.15 のように表される.

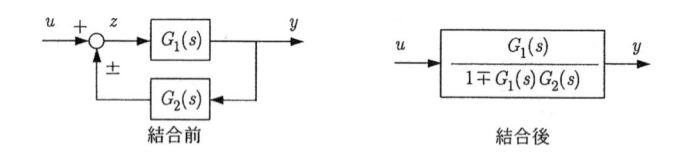

図 2.15 ブロック線図のフィードバック結合

図 2.15 より

$$y = G_1(s)z, \quad z = u \pm G_2(s)y$$

となり,z を消去すると,

$$y = \frac{G_1(s)}{1 \mp G_1(s)G_2(s)}u$$

となる.なお,結合後の伝達関数内の符号が,加え合わせ点の符号と逆になることに注意する.

2.3.3 ブロック線図の等価変換

複数の伝達要素によって複雑に構成されたブロック線図から，そのシステムの伝達関数を求めるのは困難である．そこで結合法則以外に，図 2.16 に示すブロック線図の等価変換を用いることで，等価で要素数の少ない形や考慮しやすい形に容易に変換できる．

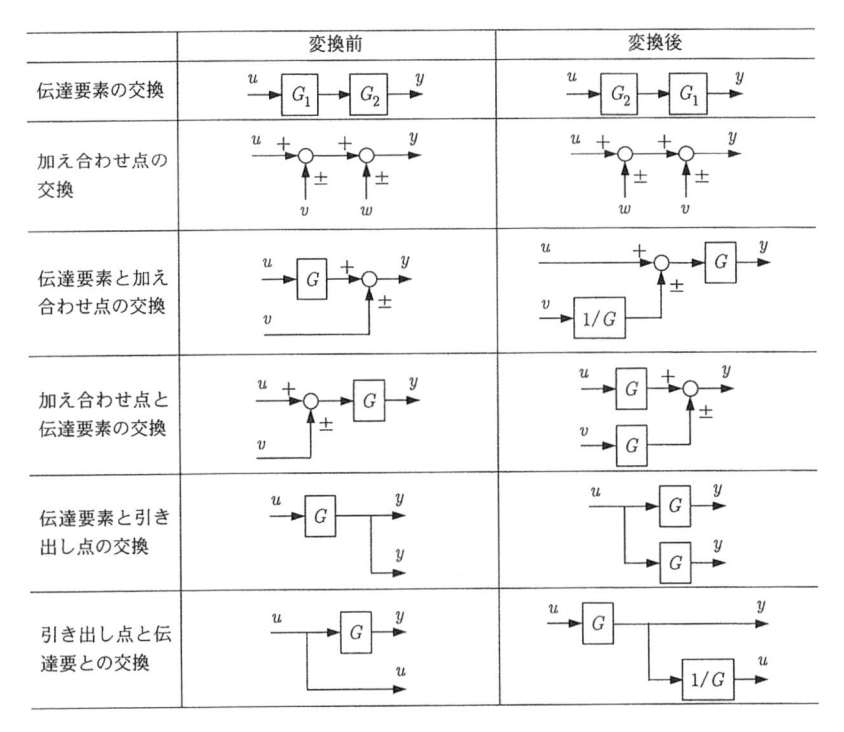

	変換前	変換後
伝達要素の交換	$u \to G_1 \to G_2 \to y$	$u \to G_2 \to G_1 \to y$
加え合わせ点の交換		
伝達要素と加え合わせ点の交換		
加え合わせ点と伝達要素の交換		
伝達要素と引き出し点の交換		
引き出し点と伝達要との交換		

図 2.16 ブロック線図の等価変換

例 題 次のブロック線図を，結合法則および等価変換を用いることにより簡単化し，u から y への伝達関数を求めよ．

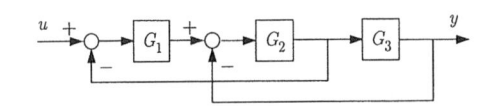

（解答）　y からのフィードバックループを，等価変換"伝達要素と引き出し点の交換"を用いて書き換えると，

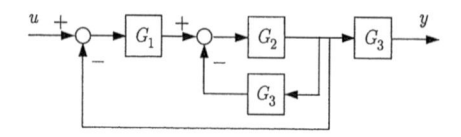

$$u \xrightarrow{+} \bigcirc \xrightarrow{} G_1 \xrightarrow{+} \bigcirc \xrightarrow{} G_2 \xrightarrow{} G_3 \xrightarrow{} y$$

伝達要素 G_2，G_3 に対してフィードバック結合を適用すると，

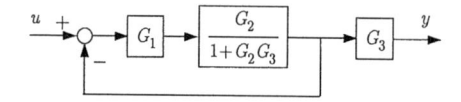

$$u \xrightarrow{+} \bigcirc \xrightarrow{} G_1 \xrightarrow{} \frac{G_2}{1+G_2 G_3} \xrightarrow{} G_3 \xrightarrow{} y$$

さらに，フィードバック部に直列結合とフィードバック結合を適用すると，

$$u \xrightarrow{} \frac{G_1 G_2}{1+G_1 G_2 + G_2 G_3} \xrightarrow{} G_3 \xrightarrow{} y$$

最後に，直列結合を適用すると u から y への伝達関数が得られる．

$$u \xrightarrow{} \frac{G_1 G_2 G_3}{1+G_1 G_2 + G_2 G_3} \xrightarrow{} y$$

練習問題

2.1 図 2.17 に示す機械系において，物体に外力 $f(t)$ を加えたときの物体 M_1，M_2 の変位を $x_1(t)$，$x_2(t)$ としたとき，次の問に答えよ．
　(1) 物体 M_1，M_2 に関する運動方程式を求めよ．
　(2) 外力 $f(t)$ から変位 $x_1(t)$ への伝達関数を求めよ．

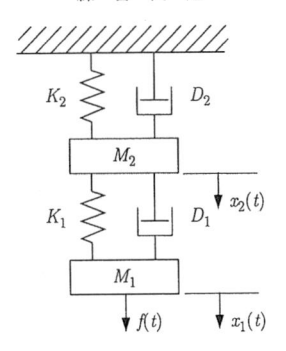

図 2.17 機械力学系

2.2 図 2.18 に示す電気回路において，入力電圧 $v_i(t)$ を加えたときの回路を流れる電流を $i_1(t)$, $i_2(t)$ としたとき，次の問に答えよ．
(1) キルヒホッフの法則を用いて回路方程式を求めよ．
(2) 入力電圧 $v_i(t)$ から出力電圧 $v_o(t)$ への伝達関数を求めよ．

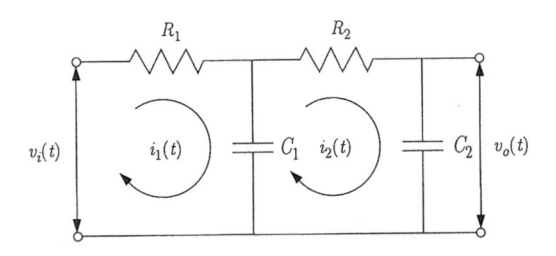

図 2.18 電気回路系

2.3 図に示すブロック線図を簡単化し，u から y までの伝達関数を求めよ．

(1)

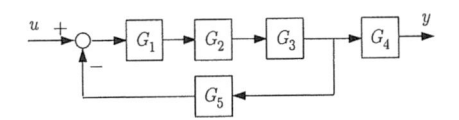

(2)

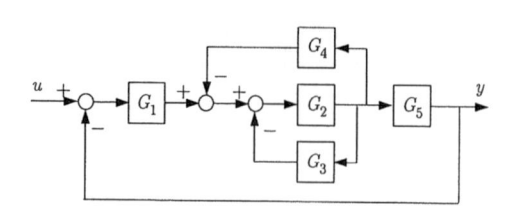

(3)

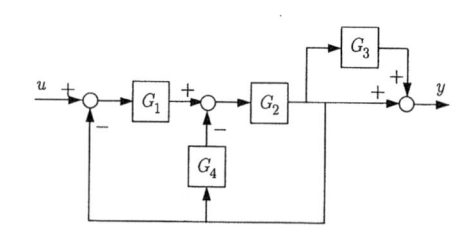

2.4 図 2.19 に示すブロック線図において，以下の設問に答えよ．
 (1) $v, w, n = 0$ としたとき r から y までの伝達関数を求めよ．
 (2) $r, w, n = 0$ としたとき v から y までの伝達関数を求めよ．
 (3) $r, v, n = 0$ としたとき w から y までの伝達関数を求めよ．
 (4) $r, v, w = 0$ としたとき n から y までの伝達関数を求めよ．
 (5) r, v, w, n を用いて y を表現せよ．

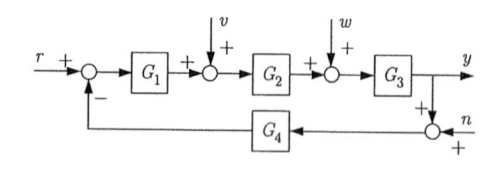

図 2.19 フィードバック制御系

3

過渡応答と周波数応答

　制御系の動特性は，あらかじめ決められた信号を入力として用い，その出力の変化を計測することにより調べることができる．この信号として，特定の形で変化する信号を入力として加え，出力の時間応答を調べることにより系の動特性を把握する過渡応答法と，正弦波の信号を入力として加え，十分に時間が経過した後の定常状態での入力と出力の振幅比と位相差により動特性を把握する周波数応答法がある．本章では，制御系の動特性を把握するために用いられる過渡応答と周波数応答について説明する．

3.1 基本要素の過渡応答

　定常状態にある制御系の目標値が変わったり，外乱が加わったりしたときのように，系の入力が突然変化して定常状態が乱されたとき，過渡的状態を経て再び定常状態に達するまでの出力の時間経過を**過渡応答**(transient response)という．過渡応答は，代表的な入力信号に対して出力の応答を得ることにより，**時間領域**(time domain) における制御系の特性を調べる方法である．ここでは制御系の基本要素である1次遅れ要素および2次遅れ要素の過渡応答を調べてみよう．

3.1.1 入　力　信　号

　過渡応答を調べるための代表的なテスト用入力信号として，**インパルス信号**(impulse signal)，**ステップ信号**(step signal)，**ランプ信号**(ramp signal) などが用いられる．図3.1にそれぞれの信号の波形形状と時間関数，およびそのラ

信 号	(a) インパルス	(b) ステップ	(c) ランプ
波 形	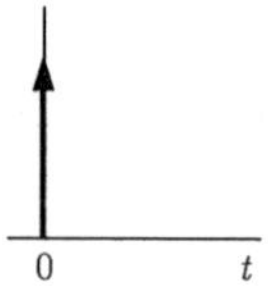 ↑ (0, t)	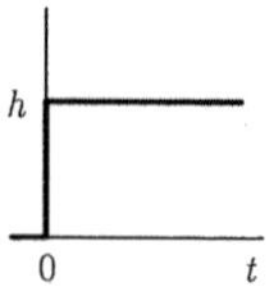 h (0, t)	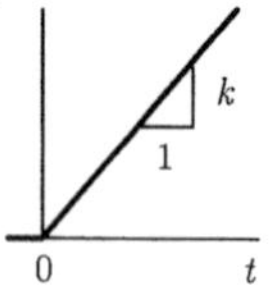 k, 1 (0, t)
時間関数	$\delta(t)$	$h \times 1(t)$	kt
ラプラス変換	1	$\dfrac{h}{s}$	$\dfrac{k}{s^2}$

図 3.1 代表的入力信号

プラス変換を示す (これらのラプラス変換の誘導は付録 A に詳しく述べてある).

インパルス信号に用いられている**デルタ関数**(delta function)$\delta(t)$ は，図 3.2 に示すように，幅が ϵ で高さが h の矩形波において，その面積 $\epsilon \times h$ を 1 に保ったまま $\epsilon \to 0$ $(h \to \infty)$ としたときの関数として定義され，次式のように表せる．

$$\int_0^\infty \delta(t)dt = 1, \qquad \delta(t) = \begin{cases} 0 & (t \neq 0) \\ \infty & (t = 0) \end{cases} \tag{3.1}$$

ステップ信号に用いられている $1(t)$ は，大きさが 1 の**単位ステップ関数**(unit step function) であり，次式で定義される．

$$1(t) = \begin{cases} 0 & (t < 0) \\ 1 & (t \geq 0) \end{cases} \tag{3.2}$$

ランプ信号は，**定速度信号**とも呼ばれる．また時には入力として，時間の 2 乗に比例して増加する**定加速度信号**が用いられることもある．

2.1.2 項でも述べたように，図 3.3 のような伝達関数を持つ線形系に入力 $U(s)$ が加えられた場合の出力 $Y(s)$ は，初期値をすべて零とすると，

$$Y(s) = G(s)U(s) \tag{3.3}$$

したがって過渡応答は，次式の逆ラプラス変換により求めることができる．

3.1 基本要素の過渡応答

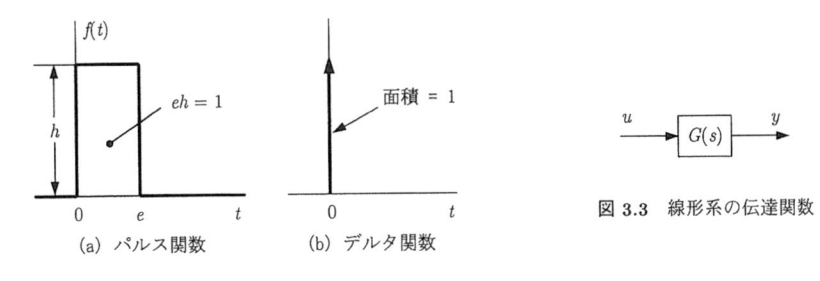

図 3.2 矩形波とデルタ関数

(a) パルス関数
(b) デルタ関数

図 3.3 線形系の伝達関数

$$y(t) = \mathcal{L}^{-1}[Y(s)] = \mathcal{L}^{-1}[G(s)U(s)] \qquad (3.4)$$

入力信号がインパルスやステップのような単純な関数の信号で，伝達関数も簡単な有理関数の場合には，式の変形，操作をすることにより逆ラプラス変換ができ，時間関数の形で過渡応答が導ける．

また，任意の形状の入力信号に対する過渡応答は，伝達関数 $G(s)$ の逆ラプラス変換

$$g(t) = \mathcal{L}^{-1}[G(s)] \qquad (3.5)$$

を**重み関数**(weighting function) として，次のようなたたみ込み積分を用いて計算することができる[*1)]．

$$y(t) = \int_0^t g(t-\tau)u(\tau)d\tau = \int_0^t g(t)u(t-\tau)d\tau \qquad (3.6)$$

3.1.2 ステップ応答

ステップ入力の例としては，1000 rpm で回転しているモータの回転数の目標値を急激に 2000 rpm に変えようとしたり，加熱炉内の温度を変化させようとヒータに加える電圧を変えた場合のように，ある一定値だけ急激に入力を階段状に変化させたときの出力の時間的変化を**ステップ応答**(step response) という．特に，大きさが 1 の単位ステップ関数の入力信号に対する応答を**インディシャル応答**(indicial response) という．ステップ状の入力信号は簡単に作れる

[*1)] 詳細は付録 A.1.2 項 (8) を参照すること．

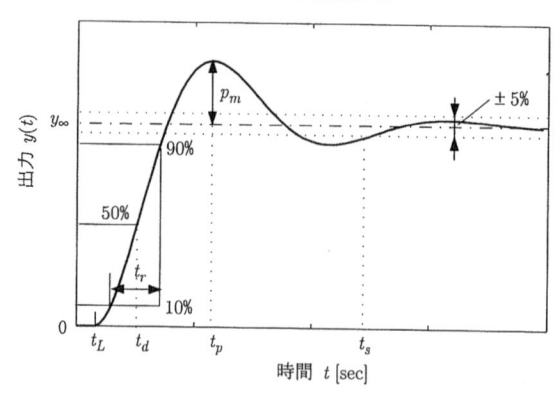

図 3.4 ステップ応答を評価する指標

ので，過渡応答を調べるのにステップ応答がよく用いられる．

図 3.4 に示すように，ステップ応答を評価する指標としては次のようなものがある．

a) **立ち上がり時間**(rise time)：t_r
 応答が最終値 y_∞ の 10%から 90%に達するまでの時間．速応性の目安となる．

b) **遅れ時間**(delay time)：t_d
 応答がその最終値 y_∞ の 50%に達するまでの時間．速応性の目安となる．

c) **行き過ぎ時間**(peak time)：t_p
 振動的な応答の場合に，最初のピーク値を生じるまでの時間．

d) **行き過ぎ量**(over shoot)：p_m
 行き過ぎ時間において，応答の最初のピーク値 p_m の最終値 y_∞ に対する比．通常百分率で表す．

e) **むだ時間**(dead time)：t_L
 入力が加えられてから応答が始まるまでの時間．伝達関数が e^{-Ls} の形のむだ時間要素によって生じる．

f) **整定時間**(settling time)：t_s
 応答が定められた許容範囲 (例えば最終値の±5%) 内に入り，それ以

降はこの範囲から出なくなるまでの時間．ステップ応答においてはこれ以前を**過渡特性**，以降を**定常特性**と見なす．

基本的な伝達要素である1次遅れ要素と，2次遅れ要素にステップ入力が加えられたときの応答を求めてみよう．

(1) 1次遅れ要素

単位ステップ入力の時間関数と，そのラプラス変換は

$$u(t) = \mathbf{1}(t) \quad \therefore U(s) = \frac{1}{s} \tag{3.7}$$

また，1次遅れ要素の伝達関数は，

$$G(s) = \frac{1}{1+Ts} \tag{3.8}$$

であるので，ステップ応答は，

$$y(t) = \mathcal{L}^{-1}\left[\frac{1}{1+Ts} \cdot \frac{1}{s}\right] = \mathcal{L}^{-1}\left[\left(\frac{1}{s} - \frac{T}{1+Ts}\right)\right] = 1 - e^{-t/T} \tag{3.9}$$

応答曲線を図示すると図 3.5 のようになる．

出力 $y(t)$ の微分値は

$$\frac{dy(t)}{dt} = \frac{1}{T}e^{-t/T} \tag{3.10}$$

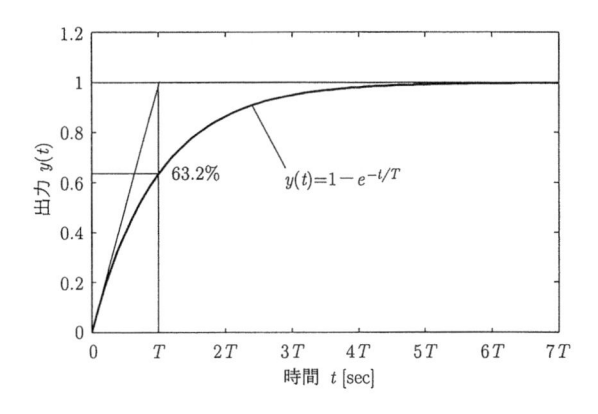

図 3.5　1次遅れ要素 $1/(1+Ts)$ のステップ応答図

となるので，時刻 $t=0$ における $y(t)$ の接線の傾きは $1/T$ となる．

したがって，$t=0$ において引いた $y(t)$ の接線が最終値 1 と交わる時刻を求めると，$t=T$ となる．また，式 (3.10) に $t=T$ を代入すると，$y(t) = 1 - e^{-1} = 0.632$ となり，$t=T$ のとき最終値の 63.2%に達する．このように応答の速さは，時間の単位を持つ定数 T によって決まり，T が小さいほど応答が速くなる．定数 T を**時定数**(time constant) と呼ぶ．

(2) 2 次遅れ要素

次のような伝達関数で表されている 2 次遅れ要素に

$$G(s) = \frac{\omega_n^2}{s^2 + 2\zeta\omega_n s + \omega_n^2} \tag{3.11}$$

単位ステップ入力が加えられた場合，その出力の応答 $y(t)$ は，

$$y(t) = \mathcal{L}^{-1}\left[\frac{\omega_n^2}{s^2 + 2\zeta\omega_n s + \omega_n^2} \cdot \frac{1}{s}\right] = \mathcal{L}^{-1}\left[\frac{\omega_n^2}{(s-p_1)(s-p_2)} \cdot \frac{1}{s}\right] \tag{3.12}$$

となる．ただし，p_1, p_2 は次の 2 次方程式の根であり，

$$s^2 + 2\zeta\omega_n s + \omega_n^2 = 0 \tag{3.13}$$

ζ の値によって次のように場合分けされる．

a) $0 \leq \zeta < 1$ の場合　　$\cdots$　　p_1, p_2 は共役複素数根
b) $\zeta = 1$ の場合　　$\cdots$　　$p_1 = p_2$ は重根
c) $\zeta > 1$ の場合　　$\cdots$　　p_1, p_2 は相異なる 2 実根

ζ のそれぞれの場合について，2 次遅れ要素の応答式を導いてみよう．
a) $0 \leq \zeta < 1$ の場合

$$p_1 = -\zeta\omega_n + j\omega_n\sqrt{1-\zeta^2}, \qquad p_2 = -\zeta\omega_n - j\omega_n\sqrt{1-\zeta^2}$$

式 (3.12) を部分分数に展開すると，

$$Y(s) = \frac{\omega_n^2}{s(s-p_1)(s-p_2)} = \frac{K_0}{s} + \frac{K_1}{s-p_1} + \frac{K_2}{s-p_2} \tag{3.14}$$

逆ラプラス変換すると

$$y(t) = K_0 + K_1 e^{p_1 t} + K_2 e^{p_2 t} \tag{3.15}$$

ただし，K_0，K_1，K_1 は次のようになる[*1]．

$$K_0 = \left[s \cdot \frac{\omega_n^2}{s(s-p_1)(s-p_2)} \right]_{s=0} = \frac{\omega_n^2}{p_1 p_2} = 1$$

$$K_1 = \left[(s-p_1) \cdot \frac{\omega_n^2}{s(s-p_1)(s-p_2)} \right]_{s=p_1} = -\frac{1}{2j} \frac{\zeta + j\sqrt{1-\zeta^2}}{\sqrt{1-\zeta^2}}$$

$$K_2 = \left[(s-p_2) \cdot \frac{\omega_n^2}{s(s-p_1)(s-p_2)} \right]_{s=p_2} = \frac{1}{2j} \frac{\zeta - j\sqrt{1-\zeta^2}}{\sqrt{1-\zeta^2}}$$

これを式 (3.15) に代入し整理すれば，

$$\begin{aligned}
y(t) &= 1 - \frac{e^{-\zeta\omega_n t}}{\sqrt{1-\zeta^2}} \left(\zeta \sin \omega_n \sqrt{1-\zeta^2} t + \sqrt{1-\zeta^2} \cos \omega_n \sqrt{1-\zeta^2} t \right) \\
&= 1 - \frac{e^{-\zeta\omega_n t}}{\sqrt{1-\zeta^2}} \cdot \sin\left(\omega_n \sqrt{1-\zeta^2} t + \phi \right)
\end{aligned} \tag{3.16}$$

ただし，

$$\phi = \tan^{-1} \frac{\sqrt{1-\zeta^2}}{\zeta}$$

b) $\zeta = 1$ の場合

$p_1 = p_2 = -\omega_n$ で重根となるので，部分分数展開は，

$$Y(s) = \frac{\omega_n^2}{(s+\omega_n)^2} \cdot \frac{1}{s} = \frac{1}{s} - \frac{1}{s+\omega_n} - \frac{\omega_n}{(s+\omega_n)^2} \tag{3.17}$$

したがって，逆ラプラス変換すると

$$y(t) = 1 - (1 + \omega_n t) e^{-\omega_n t} \tag{3.18}$$

c) $\zeta > 1$ の場合

$$p_1 = -\zeta\omega_n + \omega_n \sqrt{\zeta^2 - 1}, \qquad p_2 = -\zeta\omega_n - \omega_n \sqrt{\zeta^2 - 1}$$

[*1] 付録 A.2 節を参照し，確認せよ．

部分分数の係数 K_0, K_1, K_2 は次のようになる[*1].

$$K_0 = 1, \quad K_1 = -\frac{1}{2} \cdot \frac{\zeta + \sqrt{\zeta^2 - 1}}{\sqrt{\zeta^2 - 1}}, \quad K_2 = \frac{1}{2} \cdot \frac{\zeta - \sqrt{\zeta^2 - 1}}{\sqrt{\zeta^2 - 1}}$$

したがって，これを式 (3.15) に代入し整理すれば，

$$y(t) = 1 - \frac{e^{-\zeta \omega_n t}}{2\sqrt{\zeta^2 - 1}} \{ (\zeta + \sqrt{\zeta^2 - 1}) e^{\omega_n \sqrt{\zeta^2 - 1} t}$$

$$- (\zeta - \sqrt{\zeta^2 - 1}) e^{-\omega_n \sqrt{\zeta^2 - 1} t} \} \qquad (3.19)$$

これらの式に基づき種々の値の ζ をパラメータとしてステップ応答波形を計算した結果を図 3.6 に示す (横軸として $\omega_n t$ がとられていることに注意).

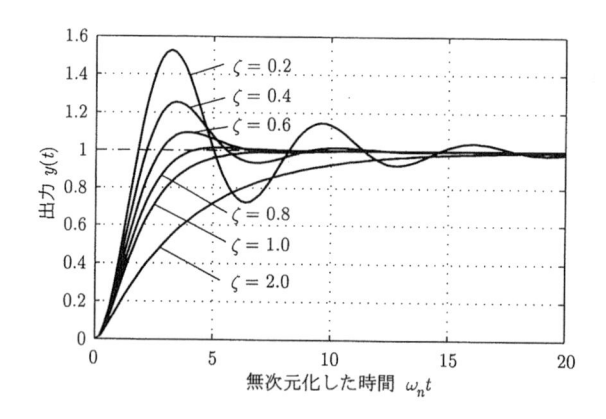

図 3.6 2 次遅れ要素 $\omega_n^2/(s^2 + 2\zeta\omega_n s + \omega_n^2)$ のステップ応答

図から明らかなように，応答の形状は ζ のみによって決まり，ω_n には関係しない．

$0 < \zeta < 1$ の範囲では，式 (3.16) からわかるように，応答波形は振幅が指数関数的に減少する減衰振動となる．ζ が小さいほど減衰が小さく立ち上がりは速いが，定常値に落ち着くのに長い時間を必要とする．この状態を**不足減衰**(under damping) という．$\zeta = 0$ の時は減衰のない持続振動となる．

[*1] 付録 A.2 節を参照し，確認せよ．

$\zeta = 1$ では振動が生じるか否かの限界であり,**臨界減衰**(critical damping)と呼び,この状態では波形は非振動的である.

$\zeta > 1$ の範囲では出力波形は定常値に単調に近づいており,立ち上がりも緩やかである.この状態を**過減衰**(over damping)という.

このように ζ は,振動の減衰の度合いを表すパラメータであるので,**減衰係数**(damping factor)と呼ばれる.

図 3.6 の横軸には,無次元化した時間 $\omega_n t$ を用いている.これは ζ の値が等しい 2 次遅れ要素では,ステップ応答の形状は同じになるが,ω_n が大きいほど時間的には速い応答になることを意味している.すなわち ω_n は応答の速さを表しており,**固有角周波数**(natural angular frequency)と呼ばれている.

図 3.7 に振動応答 ($0 < \zeta < 1$ の場合) とその包絡線を示す.

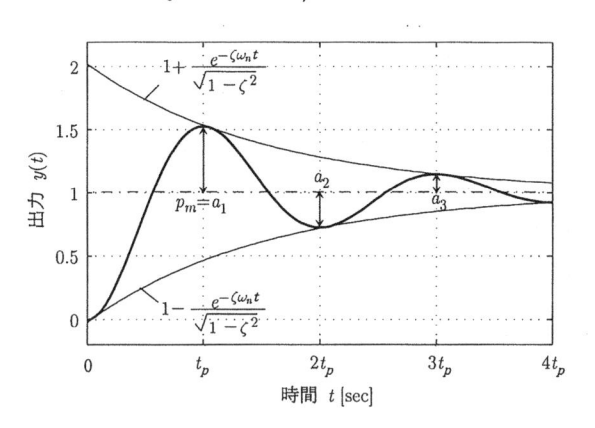

図 3.7 2 次遅れ要素の振動応答とその包絡線

式 (3.16) を時間 t で微分して零と置き,極大値となる時間を求めると,

$$\omega_n \sqrt{1-\zeta^2}\, t = n\pi \quad (n = 0, 1, 2, 3, \ldots) \tag{3.20}$$

したがって $n = 1$ を代入してピーク時間 t_p を求めると,

$$t_p = \frac{\pi}{\omega_n \sqrt{1-\zeta^2}} \tag{3.21}$$

このときの行き過ぎ量 p_m は次式となる.

$$p_m = e^{-\frac{\zeta}{\sqrt{1-\zeta^2}}\pi} \tag{3.22}$$

このように，行き過ぎ量 p_m は減衰係数 ζ のみで決まり，ピーク時間 t_p は ζ と固有角周波数 ω_n とに関係し，ω_n に反比例している．

応答曲線の包絡線は

$$y(t) = 1 \pm \frac{e^{-\zeta\omega_n t}}{\sqrt{1-\zeta^2}} \tag{3.23}$$

で与えられ，n 番目の行き過ぎ量 a_n と $n+1$ 番目の行き過ぎ量 a_{n+1} の比は，**振幅減衰比**(amplitude damping ratio)λ と呼ばれ，次式で与えられる．

$$\lambda = \frac{a_{n+1}}{a_n} = e^{-\frac{2\zeta}{\sqrt{1-\zeta^2}}\pi} \tag{3.24}$$

3.1.3 インパルス応答

ホールの音響特性を調べるためにピストル音を発生し，その残響音の経過を調べたり，鉄道の車輪をハンマーでたたき，その音を聞いて車輪の異常を調べたりするように，一瞬間だけ衝撃的なインパルス入力を加えてシステムの応答を調べることがある．このようなインパルス入力に対する出力の時間的変化を，**インパルス応答**(impulse response) という．

ところで，単位インパルス入力は，デルタ関数で与えられ，

$$u(t) = \delta(t) \quad \therefore \quad U(s) = 1 \tag{3.25}$$

である．したがって出力信号は，

$$Y(s) = G(s) \cdot 1 = G(s) \tag{3.26}$$

となるので，

$$y(t) = \mathcal{L}^{-1}[G(s)] = g(t) \tag{3.27}$$

が得られる．すなわち，単位インパルスを入力として加えるとその出力が，対象の重み関数をそのまま表現することとなる．インパルス応答は数学的扱いが便利であるが，実際に正確なインパルス入力信号を発生するのは難しい．

1次遅れ要素のインパルス応答は，

3.1 基本要素の過渡応答

$$y(t) = \mathcal{L}^{-1}[G(s)] = \mathcal{L}^{-1}\left[\frac{1}{1+Ts}\right] = \frac{1}{T}e^{-t/T} \tag{3.28}$$

この式はステップ応答 $y(t)$ を微分した式 (3.10) と一致している．すなわち，インパルス応答はステップ応答の微分であることがわかる．図 3.8 に 1 次遅れ要素のインパルス応答波形を示す．応答波形は $t=0$ のとき $1/T$ であり，時間の経過とともに単調に減少する．

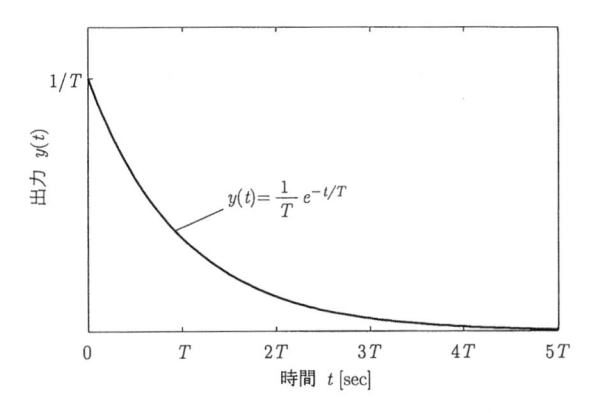

図 3.8　1 次遅れ要素 $1/(1+Ts)$ のインパルス応答

なお，ランプ入力 $(1/s^2)$ に対する 1 次遅れ要素の応答を求めると，式 (3.29) となり，この式を微分するとステップ応答の式 (3.9) が得られる．

$$\begin{aligned} y(t) &= \mathcal{L}^{-1}\left[\frac{1}{1+Ts} \cdot \frac{1}{s^2}\right] = \mathcal{L}^{-1}\left[\frac{1}{s^2} - \frac{T}{s} + \frac{T^2}{1+Ts}\right] \\ &= t - T + Te^{-t/T} = t - T(1 - e^{-t/T}) \end{aligned} \tag{3.29}$$

伝達関数が式 (3.11) で表される 2 次遅れ要素のインパルス応答は，次のように求められる．

a) $\zeta < 1$ の場合

$$y(t) = \frac{\omega_n}{\sqrt{1-\zeta^2}} e^{-\zeta\omega_n t} \sin \omega_n \sqrt{1-\zeta^2}\, t \tag{3.30}$$

b) $\zeta = 1$ の場合

$$y(t) = \omega_n^2 t e^{-\omega_n t} \tag{3.31}$$

c) $\zeta > 1$ の場合

$$y(t) = \frac{\omega_n}{\sqrt{\zeta^2 - 1}} e^{-\zeta\omega_n t} \sinh(\omega_n \sqrt{\zeta^2 - 1}\, t) \tag{3.32}$$

横軸に無次元化した時間 $\omega_n t$ をとり，ζ をパラメータとしてインパルス応答を描くと図 3.9 のようになる．インディシャル応答と同様に，$\zeta < 1$ の場合は減衰振動状態，$\zeta > 1$ の場合は過減衰状態となる．また式 (3.30)，(3.31)，(3.32) は 1 次遅れ要素と同様にインディシャル応答の式 (3.16)，(3.18)，(3.19) をそれぞれ微分しても得られる．

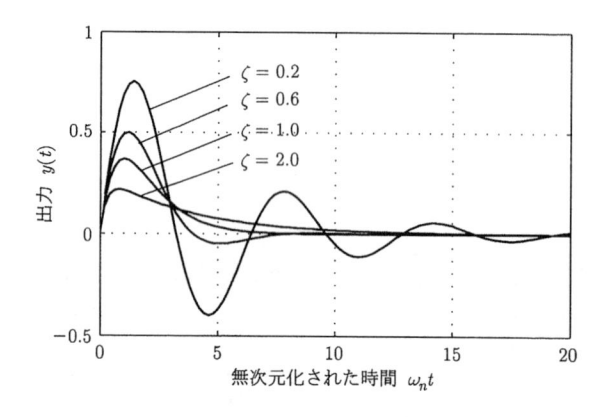

図 3.9 2 次遅れ要素 $\omega_n^2/(s^2 + 2\zeta\omega_n s + \omega_n^2)$ のインパルス応答

3.2 伝達関数の極，零点と過渡応答

1 次遅れ要素，2 次遅れ要素をもとに過渡応答を調べてきた．ここではより一般的に，高次の定係数線形システムについて，系の過渡応答に及ぼす極と零点の影響について検討する．

3.2.1 極とステップ応答

2.1.2 項で述べたように,一般的な高次の定係数線形システムの伝達関数 $G(s)$ は,極 p_i, 零点 z_i を用いて次式のように表せる.

$$G(s) = \frac{k(s-z_1)(s-z_2)\ldots(s-z_m)}{(s-p_1)(s-p_2)\ldots(s-p_n)} \qquad (m<n) \qquad (3.33)$$

ただし,極 p_i, 零点 z_i は実数あるいは共役複素数であり,重根を持たないものとする.この場合,インディシャル応答は逆ラプラス変換により,

$$y(t) = \mathcal{L}^{-1}\left[G(s)\cdot\frac{1}{s}\right] = \mathcal{L}^{-1}\left[\frac{K_0}{s} + \frac{K_1}{s-p_1} + \frac{K_2}{s-p_2} + \ldots + \frac{K_n}{s-p_n}\right]$$
$$= K_0 + K_1 e^{p_1 t} + K_2 e^{p_2 t} + \ldots + K_n e^{p_n t} \qquad (3.34)$$

ただし,係数 K_i は次式となる.

$$K_0 = G(0) = (-1)^{n-m} k \cdot \frac{z_1 z_2 \ldots z_m}{p_1 p_2 \ldots p_n}$$
$$K_i = \lim_{s \to p_i}\left\{\frac{(s-p_i)}{s}G(s)\right\}$$
$$= \frac{k}{p_i} \cdot \frac{(p_i-z_1)(p_i-z_2)\ldots(p_i-z_m)}{(p_i-p_1)\ldots(p_i-p_{i-1})(p_i-p_{i+1})\ldots(p_i-p_n)}$$

$$(i = 1, 2, \ldots, n)$$

式 (3.34) の右辺第 1 項は,ステップ入力による**強制項**であり,第 2 項以下は極 p_i に対応する**過渡項**である.また,係数 K_i は,極 p_i の応答成分の重みに相当する.これらの極のうち,1 つでも実数部 α_i が正となる,すなわち右半平面に極が存在した場合には,式 (3.34) において $\lim_{t\to\infty} e^{p_i t} \to \infty$ となり応答が発散する.また,原点を除く虚軸上に極がある場合,振動が減衰せず持続する.

すべての極が複素平面上の左半平面に存在した場合には,p_i の実数部が負であるので,$\lim_{t\to\infty} e^{p_i t} \to 0$ となる.したがって過渡項は時間が経つと消滅し,ステップ応答は強制項 K_0 の値に落ち着く.特に虚軸より遠く離れた極の応答は速やかに減衰する.また,K_i の式から明らかなように,原点に近いすなわち $|p_i|$ が小さい極は,係数 K_i が大きくなるので,過渡応答へ大きく寄与する.こ

の場合，減衰も遅くなり，振動がなかなか消滅しない．

極 p_i が零点 z_j と同じ値の場合には，K_i の式において分子の項が $p_i - z_j = 0$ となるので，$K_i = 0$ となり，4.3 節で述べるような極零相殺が起こり，その極の応答への影響がなくなる[*1]．

極とインパルス応答の関係については，4.1 節で扱われているので，参考にすると良い．

3.2.2 代　表　極

図 3.10 に，複素平面上の種々の位置に配置した極と，それらの極に対応するインパルス応答波形の比較を示す．ステップ応答と同様に，極が複素平面の右半平面にある場合には時間の経過とともに応答が発散している．また極が左半平面にある場合には，減衰応答となり零に収束している．このとき虚軸に近い極の応答は減衰が少なく収束が遅い．

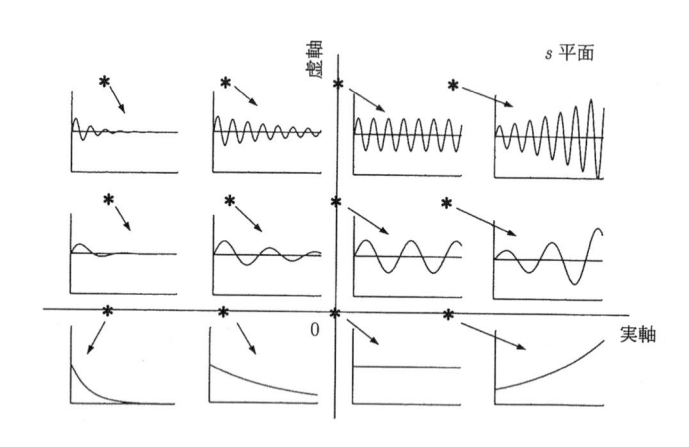

図 3.10　複素平面上の極の位置とそのインパルス応答

このように，高次系の過渡応答は，ある程度時間が経過すると，虚軸に近い極の応答が主要な応答成分となり，システムの応答を代表するようになる．そこで，原点から遠い極や零点を省略し，虚軸に最も近い 1 対の共役複素数の極を**代表極**(dominant pole) として，次のような簡単な 2 次遅れ系で高次系を近

[*1] 相殺は「そうさい」と読む．

似して，等価的な減衰係数 ζ，固有角周波数 ω_n を解析，設計に用いることがある．

$$G(s) = \frac{K\omega_n^2}{s^2 + 2\zeta\omega_n s + \omega_n^2} \tag{3.35}$$

3.2.3 零点の影響

2 次遅れ系に負の実数の零点 z が 1 個付加された系を例にとり，零点の影響を調べてみよう．この系の伝達関数は

$$G(s) = \frac{\omega_n^2}{-z} \cdot \frac{s-z}{s^2 + 2\zeta\omega_n s + \omega_n^2} \quad (z < 0) \tag{3.36}$$

であるから，この系のインディシャル応答の式は次式のようになる．

$$y(t) = 1 - \frac{\sqrt{1-\zeta^2 + (\zeta + \omega_n/z)^2}}{\sqrt{1-\zeta^2}} e^{-\zeta\omega_n t} \sin(\omega_n \sqrt{1-\zeta^2} t + \phi) \tag{3.37}$$

ただし，

$$\tan\phi = \frac{\sqrt{1-\zeta^2}}{\zeta + \omega_n/z} \tag{3.38}$$

である．減衰係数 ζ をパラメータとして行き過ぎ量に与える零点の影響を計算したグラフを図 3.11 に示す．零点の位置が極に比べて原点に近い $-z/\omega_n < 1$ の場合，行き過ぎ量が非常に大きくなり，零点の影響が顕著となる．これに対

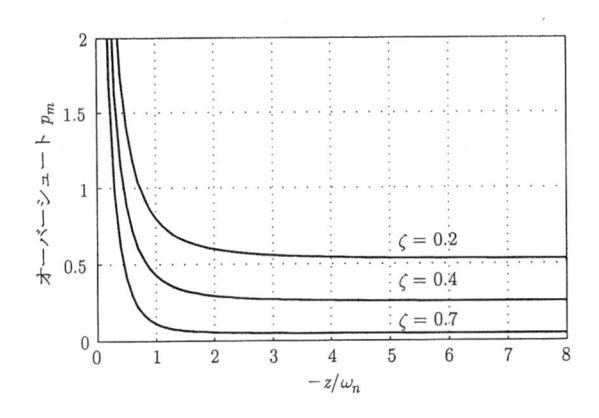

図 3.11 行き過ぎ量に与える零点の影響

して $-z/\omega_n$ が大きい場合には行き過ぎ量はほとんど一定となっており,零点の影響は小さくなる.

図 3.12 に伝達関数が次式で与えられる 2 つの実数極 $p = -0.5$, $p = -1$ と 1 つの零点 z を有する 2 次遅れ系について,零点をパラメータとしてステップ応答を計算した結果を示す.

$$G(s) = \frac{K(s-z)}{(s+0.5)(s+1)} \tag{3.39}$$

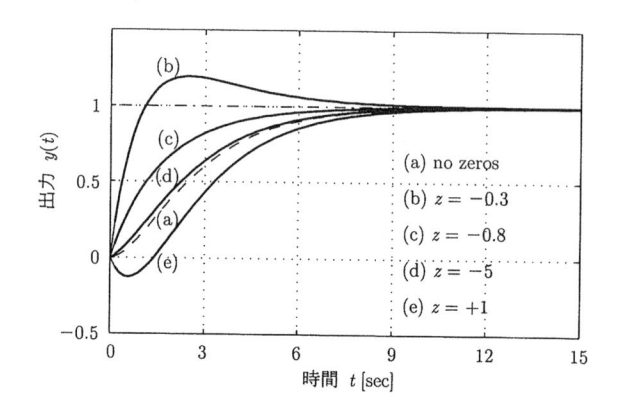

図 3.12 零点によるステップ応答の影響

図中 (a) の破線は零点がない場合 (分子が 0.5) の応答を示しており,過減衰応答となっている. (a) 以外は零点がある場合 ($K = -1/(2z)$) で,それぞれ零点の値を (b) $z = -0.3$, (c) $z = -0.8$, (d) $z = -5$, (e) $z = +1$ とした.

実数極しか持たない 2 次系の場合でも (b) のように零点が原点に近い値の場合,零点の影響でオーバシュートすることがある.また,(c) のように零点の値が極と非常に近い場合,零点によりその極の影響が消されて 1 次遅れ系の応答とほとんど変わらない応答となっている. 一方, (d) のように零点が原点から遠い場合には,零点があっても時間波形に及ぼす影響は小さく, (a) の破線の応答とほとんど一致している. 零点が複素平面の右半平面にある不安定零点を持つシステム (e) の場合,応答波形は,立ち上がりがわずかながら負の値となる逆応答が生じる.

以上のように過渡応答波形は主として代表極によって決定されるが，零点が原点に近い値の場合にはその影響を無視できなくなる場合があるので注意が必要である．

3.3 周波数応答とその表し方

システムの特性をステップ応答やインパルス応答によって特徴づける過渡応答に対して，正弦波の入力信号に対する時間が十分に経過したときの応答を**周波数応答**（frequency response）と呼ぶ．周波数応答では，正弦波の入出力信号の振幅と位相のずれが周波数によって変化する．

3.3.1 周波数応答と伝達関数
（1）周波数応答

周波数応答法は図 3.13 に示すような線形性の伝達関数を持つ系に正弦波入力 $x(t)$ を加えたときの出力 $y(t)$ の定常応答に着目する．このとき，入力波形と出力波形の周波数は同じであるが，振幅と位相は入力と出力とで異なる．

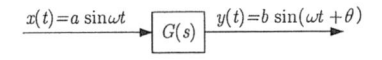

$$x(t) = a\sin\omega t \longrightarrow \boxed{G(s)} \longrightarrow y(t) = b\sin(\omega t + \theta)$$

図 3.13　周波数応答

つまり，入力信号と出力信号の振幅比 b/a および位相差 θ は，それぞれ周波

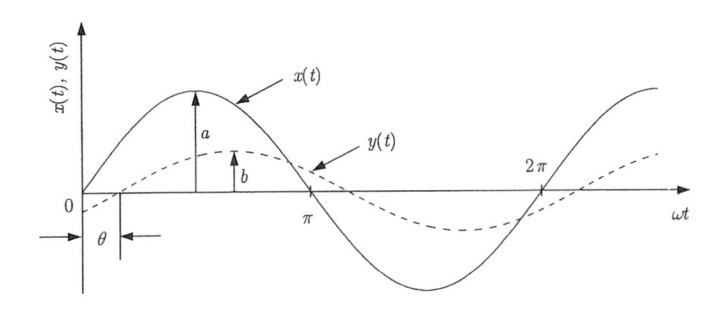

図 3.14　定常状態における応答例

数 ω の関数となる．すなわち，ω に対する b/a と θ の変化が求められれば，系の周波数応答が得られたことになる．

例として，図 2.9(a) で示したばね・ダンパ系の応答について考えてみる．ばね両端の変位 $x(t)$ と $y(t)$ をそれぞれ入力信号と出力信号とし，

$$x(t) = a\sin\omega t \tag{3.40}$$

となる正弦波の入力信号を加えたときの過渡応答を求める．このばね・ダンパ系の伝達関数は 1 次遅れ要素として次式で与えられた．

$$G(s) = \frac{Y(s)}{X(s)} = \frac{1}{1+Ts} = \frac{1/T}{s+1/T} \tag{3.41}$$

また，入力信号のラプラス変換 $X(s)$ は，

$$X(s) = \frac{a\omega}{s^2+\omega^2} = \frac{a\omega}{(s-j\omega)(s+j\omega)} \tag{3.42}$$

である．したがって出力信号のラプラス変換 $Y(s)$ は

$$\begin{aligned} Y(s) &= G(s)X(s) \\ &= \frac{1/T}{s+1/T} \cdot \frac{a\omega}{(s-j\omega)(s+j\omega)} \\ &= \frac{K}{s+1/T} + \frac{C_1}{s-j\omega} + \frac{C_2}{s+j\omega} \end{aligned} \tag{3.43}$$

ただし K, C_1, C_2 は係数である．ここで，式 (3.43) の両辺に $(s+1/T)$ を掛ければ

$$\begin{aligned} (s+1/T)\cdot Y(s) &= \frac{1/T\cdot a\omega}{(s-j\omega)(s+j\omega)} \\ &= K + \frac{s+1/T}{s-j\omega}C_1 + \frac{s+1/T}{s+j\omega}C_2 \end{aligned} \tag{3.44}$$

そして，$s=-1/T$ とすると，K 以外の項はすべて零となって

$$K = a\frac{\omega T}{1+(\omega T)^2} \tag{3.45}$$

同じ方法で式 (3.43) の両辺に $(s-j\omega)$ を掛けて $s=j\omega$ とすれば

3.3 周波数応答とその表し方

$$C_1 = [(s - j\omega) \cdot Y(s)]_{s=j\omega} = \frac{a}{2j} \cdot \frac{1}{1 + j\omega T}$$
$$= \frac{a}{2j\sqrt{1 + (\omega T)^2}} e^{-j \tan^{-1} \omega T} \tag{3.46}$$

同様にして

$$C_2 = [(s + j\omega) \cdot Y(s)]_{s=-j\omega} = -\frac{a}{2j} \cdot \frac{1}{1 - j\omega T}$$
$$= -\frac{a}{2j\sqrt{1 + (\omega T)^2}} e^{j \tan^{-1} \omega T} \tag{3.47}$$

このように各係数が決まれば,式 (3.43) の逆ラプラス変換により出力信号 $y(t)$ の過渡応答は次のように求まる.

$$y(t) = a \left\{ \frac{\omega T}{1 + (\omega T)^2} e^{-\frac{1}{T}t} \right.$$
$$\left. + \frac{1}{2j\sqrt{1 + (\omega T)^2}} \left(e^{j(\omega t - \tan^{-1} \omega T)} - e^{-j(\omega t - \tan^{-1} \omega T)} \right) \right\}$$
$$= a \left\{ \frac{\omega T}{1 + (\omega T)^2} e^{-\frac{1}{T}t} + \frac{1}{\sqrt{1 + (\omega T)^2}} \sin(\omega t - \tan^{-1} \omega T) \right\} \tag{3.48}$$

次に上式において $t \to \infty$ としたときの定常状態を考えると,第 1 項は時間の経過とともに単調に減少して零となるため,定常状態で残る項は第 2 項の振動だけになる.したがって,定常状態での出力波形は次式で与えられる.

$$y(t) = \frac{a}{\sqrt{1 + (\omega T)^2}} \sin(\omega t - \tan^{-1} \omega T) \tag{3.49}$$

このとき,入力信号と出力信号の振幅比および位相差 θ はそれぞれ次式のような周波数 ω の関数となる.

$$\text{振幅比} \quad \frac{b}{a} = \frac{1}{\sqrt{1 + (\omega T)^2}} \tag{3.50}$$

$$\text{位相差} \quad \theta = -\tan^{-1} \omega T \tag{3.51}$$

(2) 周波数伝達関数

これまでは入出力信号を三角関数で表したが，次にこれを複素数によって表現してみる．まず，オイラーの公式により次式が成り立つ．

$$e^{j\omega t} = \cos\omega t + j\sin\omega t \qquad (3.52)$$

$\cos\omega t$ と $\sin\omega t$ は，それぞれ $e^{j\omega t}$ の実部と虚部をとったものであるから，

$$\cos\omega t = \mathrm{Re}\{e^{j\omega t}\} \qquad (3.53)$$

$$\sin\omega t = \mathrm{Im}\{e^{j\omega t}\} \qquad (3.54)$$

と表せる．そこで，今後は正弦波入力の場合は $e^{j\omega t}$ の虚部をとることを約束として Im を省き，式 (3.40) を，

$$x(t) = ae^{j\omega t} \qquad (3.55)$$

と表すことにする．三角関数を複素数の指数関数で表すことにより種々の計算が容易になり，また計算後は再び元の三角関数に直して考えられる．

この複素数表現を用いて伝達関数 $G(s)$ の周波数応答を求めてみる．$G(s)$ の逆ラプラス変換を $g(t)$ とすると，これに入力 $x(t)$ を加えたときの出力 $y(t)$ は，たたみ込み積分を用いて

$$y(t) = \int_0^t g(\tau)x(t-\tau)d\tau \qquad (3.56)$$

で与えられる．これに式 (3.55) で表した正弦波の入力信号を代入すれば，

$$y(t) = \int_0^t g(\tau)ae^{j\omega(t-\tau)}d\tau$$

$$= ae^{j\omega t}\int_0^t g(\tau)e^{-j\omega\tau}d\tau \qquad (3.57)$$

したがって，上式において $t \to \infty$ としたときの定常状態を考えると，周波数応答が次式のように得られる．

$$y(t) = ae^{j\omega t}\lim_{t\to\infty}\int_0^t g(\tau)e^{-j\omega\tau}d\tau$$

$$= ae^{j\omega t}\int_0^\infty g(\tau)e^{-j\omega\tau}d\tau \qquad (3.58)$$

ここで，付録 A.1 にも示すように関数 $g(t)$ のラプラス変換 $G(s)$ は，次の式によって定義される．

$$G(s) = \int_0^\infty g(t)e^{-st}dt \tag{3.59}$$

したがって，式 (3.59) において $s = j\omega$ と置くことにより式 (3.58) を書き換えると，出力信号 $y(t)$ は次のようになる．

$$\begin{aligned} y(t) &= ae^{j\omega t}G(j\omega) \\ &= ae^{j\omega t}|G(j\omega)|e^{j\theta} \end{aligned} \tag{3.60}$$

ここで，2 番目の式では，複素数 $G(j\omega)$ をその絶対値 $|G(j\omega)|$ と偏角 θ で表現してある．上式における $G(j\omega)$ を**周波数伝達関数**(frequency transfer function) と呼ぶ．この周波数伝達関数は，周波数応答におけるシステムの入出力間の振幅と位相の関係を与える．すなわち，図 3.13 において

$$振幅比\ \frac{b}{a} = |G(j\omega)| \tag{3.61}$$

$$位相差\ \theta = \angle G(j\omega) \tag{3.62}$$

となる．ここに $|G(j\omega)|$ は複素数 $G(j\omega)$ の絶対値，$\angle G(j\omega)$ は偏角である．また，$|G(j\omega)|$ を $G(j\omega)$ のゲイン，$\angle G(j\omega)$ を位相差と呼ぶ．

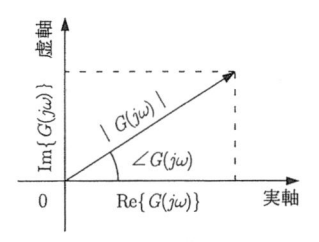

図 3.15 周波数伝達関数

周波数伝達関数を用いると，システムの周波数応答は非常に簡単な計算で求めることができる．式 (3.41) において $s = j\omega$ とおけば，図 2.9(a) のばね・ダンパ系の周波数伝達関数は次式のように求まる．

$$G(j\omega) = \frac{1}{1+j\omega T} = \frac{1-j\omega T}{1+(\omega T)^2}$$
$$= \frac{1}{1+(\omega T)^2} + j\left(\frac{-\omega T}{1+(\omega T)^2}\right) \qquad (3.63)$$

この実数部を $\mathrm{Re}\{G(j\omega)\}$,虚数部を $\mathrm{Im}\{G(j\omega)\}$ とすれば,

$$\mathrm{Re}\{G(j\omega)\} = \frac{1}{1+(\omega T)^2} \qquad (3.64)$$

$$\mathrm{Im}\{G(j\omega)\} = \frac{-\omega T}{1+(\omega T)^2} \qquad (3.65)$$

である.したがって,図 3.15 より $G(j\omega)$ の絶対値と偏角を求めると,このシステムの周波数応答における振幅比と位相差は次のように計算できる.

$$|G(j\omega)| = \sqrt{[\mathrm{Re}\{G(j\omega)\}]^2 + [\mathrm{Im}\{G(j\omega)\}]^2}$$
$$= \frac{1}{\sqrt{1+(\omega T)^2}} \qquad (3.66)$$

$$\angle G(j\omega) = \tan^{-1}\frac{\mathrm{Im}\{G(j\omega)\}}{\mathrm{Re}\{G(j\omega)\}} = -\tan^{-1}\omega T \qquad (3.67)$$

この結果は過渡応答の定常項から求めた先の結果と一致する.

周波数応答の特性を表示するには,$|G(j\omega)|$ と $\angle G(j\omega)$ をどのように表すかによって,次の 2 つの代表的な方法がある.

3.3.2 基本要素のナイキスト線図

$G(j\omega)$ は複素数であるから,図 3.15 のように任意の ω に対してこの値を複素平面上の点として表すことができる.そこで,ω を 0 から ∞ まで変化させたとき,$G(j\omega)$ を表す複素ベクトルの先端が複素平面上で,どのような軌跡を描くかを示す線図を**ベクトル軌跡**(vector locus),または**ナイキスト線図**(Nyquist diagram) と呼ぶ.ナイキスト線図を用いると,ω の増加によってゲインと位相差がどのように変化するかを直感的に見てとれる.

(1) 積分要素のナイキスト線図

はじめに積分要素のナイキスト線図を求める.積分要素の伝達関数が

$$G(s) = \frac{1}{s} \qquad (3.68)$$

であることから，その周波数伝達関数 $G(j\omega)$ は

$$G(j\omega) = \frac{1}{j\omega} \tag{3.69}$$

である．したがって，そのゲインと位相差は

$$|G(j\omega)| = \frac{1}{|j\omega|} = \frac{1}{|\omega|} \tag{3.70}$$

$$\angle G(j\omega) = \angle \frac{1}{j\omega} = \angle \frac{1}{j} = -\angle j = -90° \tag{3.71}$$

となる．よって，ゲインは $\omega \to 0$ のときは無限に大きくなり，$\omega \to \infty$ では零に収束する．また，位相差は ω の値に関係なく常に $-90°$ である．これより，積分要素のナイキスト線図は，図 3.16(a) に示すように虚軸の負の無限遠から出発して原点に至る直線となる．

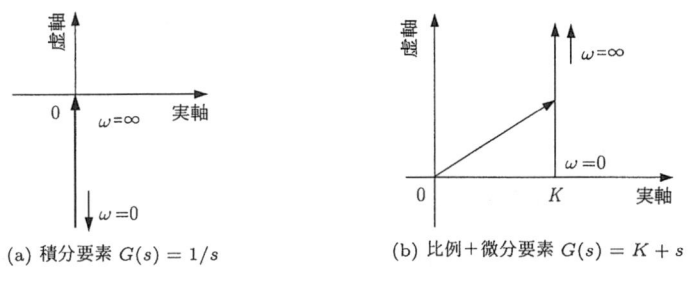

(a) 積分要素 $G(s) = 1/s$

(b) 比例＋微分要素 $G(s) = K + s$

図 3.16 ナイキスト線図

例題 $G(s) = K + s$ で表される伝達関数のナイキスト線図を描け．
（解答）$K + s$ は比例要素と微分要素の和を表しており，この周波数伝達関数は

$$G(j\omega) = K + j\omega$$

である．したがって，ナイキスト線図は図 3.16(b) のように複素平面上で点 $(K, 0)$ を出発して点 (K, ∞) へ向かう直線となる．

(2) 1 次遅れ要素のナイキスト線図

1 次遅れの周波数伝達関数はすでに述べたように,

$$G(j\omega) = \frac{1}{1+j\omega T} = \frac{1-j\omega T}{1+(\omega T)^2} \tag{3.72}$$

で与えられる.この実数部を $\mathrm{Re}\{G(j\omega)\}$,虚数部を $\mathrm{Im}\{G(j\omega)\}$ とすれば,

$$\mathrm{Re}\{G(j\omega)\} = \frac{1}{1+(\omega T)^2} \tag{3.73}$$

$$\mathrm{Im}\{G(j\omega)\} = \frac{-\omega T}{1+(\omega T)^2} \tag{3.74}$$

である.これより ωT を求めると,

$$\omega T = -\frac{\mathrm{Im}\{G(j\omega)\}}{\mathrm{Re}\{G(j\omega)\}} \tag{3.75}$$

したがって,式 (3.75) を式 (3.72) に代入して ωT を消去すると,

$$[\mathrm{Re}\{G(j\omega)\} - 0.5]^2 + [\mathrm{Im}\{G(j\omega)\}]^2 = (0.5)^2 \tag{3.76}$$

を得る.式 (3.76) は,複素平面上で中心が $(0.5, 0)$,半径が 0.5 の円を表している.また,ゲインと位相差は

$$|G(j\omega)| = \frac{1}{\sqrt{1+(\omega T)^2}} \tag{3.77}$$

$$\angle G(j\omega) = -\tan^{-1}\omega T \tag{3.78}$$

となるので,ωT を $0, 1, \infty$ の各値でこれらを計算すると

$$\omega T \to 0 \text{ のとき}, \quad |G| = 1, \quad \angle G = 0°$$
$$\omega T = 1 \text{ のとき}, \quad |G| = 1/\sqrt{2}, \quad \angle G = -45°$$
$$\omega T \to \infty \text{ のとき}, \quad |G| = 0, \quad \angle G = -90°$$

したがって,ω を 0 から ∞ まで変化させたとき,$G(j\omega)$ を表す複素ベクトルの先端は,複素平面において図 3.17 に示す半円上を点 $(1,0)$ から原点まで移動する.この半円が求めるナイキスト線図となる.

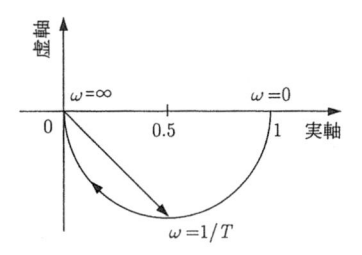

図 3.17 1 次遅れ要素 $1/(1+Ts)$ のナイキスト線図

(3) 2 次遅れ要素のナイキスト線図

2 次遅れ要素の伝達関数の一般形は

$$G(s) = \frac{\omega_n^2}{s^2 + 2\zeta\omega_n s + \omega_n^2} \tag{3.79}$$

である。ただし，ζ は減衰係数，ω_n は固有角周波数である[*1]．したがって周波数伝達関数は，

$$G(j\omega) = \frac{\omega_n^2}{(\omega_n^2 - \omega^2) + j(2\zeta\omega_n\omega)} \tag{3.80}$$

となる．これよりゲインと位相差は

$$|G(j\omega)| = \frac{\omega_n^2}{\sqrt{(\omega_n^2 - \omega^2)^2 + (2\zeta\omega_n\omega)^2}} \tag{3.81}$$

$$\angle G(j\omega) = -\tan^{-1}\frac{2\zeta\omega_n\omega}{\omega_n^2 - \omega^2} \tag{3.82}$$

ω を $0, \omega_n, \infty$ の各値でこれらを計算すると

$\omega \to 0$ のとき，　$|G| = 1,$　　$\angle G = 0°$

$\omega = \omega_n$ のとき，　$|G| = 1/(2\zeta),$　$\angle G = -90°$

$\omega \to \infty$ のとき，　$|G| = 0,$　　$\angle G = -180°$

を得る．したがって ω を 0 から ∞ まで変化させたとき，$G(j\omega)$ を表す複素ベクトルの先端は，点 $(1,0)$ を出発して $\omega = \omega_n$ のとき点 $(0, -1/(2\zeta))$ を通り，

[*1] 詳細は 3.1.2 項 (2) を参照すること．

負の実軸に沿って原点まで移動する．$\omega_n = 1$ として ζ の値を 0.25 から 4 まで変化させたときのナイキスト線図を図 3.18 に示す．

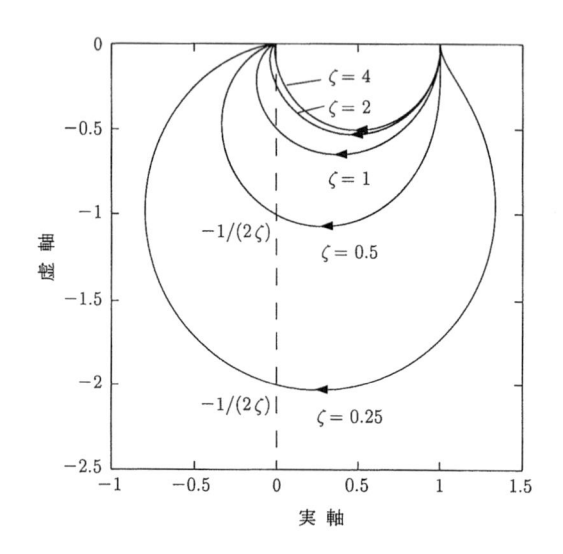

図 3.18　2 次遅れ要素 $\omega_n^2/(s^2 + 2\zeta\omega_n s + \omega_n^2)$ のナイキスト線図

（4）高次系のナイキスト線図

高次系の伝達関数 $G(s)$ は一般に次のような多項式で表せる．

$$G(s) = \frac{b_{m-1}s^{m-1} + \cdots + b_1 s + b_0}{s^n + a_{n-1}s^{n-1} + \cdots + a_1 s + a_0} \quad (n > m) \tag{3.83}$$

また，$G(s)$ が原点 $(s = 0)$ に l 位の極を持つときには，さらに次式のように書き直せる．

$$G(s) = \frac{K(s + z_1)(s + z_2) \cdots (s + z_m)}{s^l (s + p_1)(s + p_2) \cdots (s + p_k)} \quad (k + l = n) \tag{3.84}$$

$s = j\omega$ とするとその周波数伝達関数は，

$$G(j\omega) = \frac{K(j\omega + z_1)(j\omega + z_2) \cdots (j\omega + z_m)}{(j\omega)^l (j\omega + p_1)(j\omega + p_2) \cdots (j\omega + p_k)} \tag{3.85}$$

3.3 周波数応答とその表し方

となる.はじめにナイキスト線図の出発点を考えるため,$\omega \to 0$の場合の極限を考えると,$l=0$のとき,すなわち$G(s)$が原点に極を持たないときは,

$$G(0) = \frac{K z_1 z_2 \cdots z_m}{p_1 p_2 \cdots p_k} = \frac{b_0}{a_0} \qquad (3.86)$$

である$(b_0 > 0)$.また,$l \geq 1$のときは$|G(j\omega)|$は無限に大きくなり,位相差は

$$\angle G(0) \simeq \angle \frac{b_0}{(j\omega)^l} = -\frac{l}{2}\pi \qquad (3.87)$$

となる.次に$\omega \to \infty$の極限値では,$n > m$であることから$G(j\omega)$は原点に収束し,その位相は

$$\angle G(\infty) \simeq \angle \frac{b_{m-1}}{(j\omega)^{n-m}} = -\frac{n-m}{2}\pi \qquad (3.88)$$

となる$(b_{m-1} > 0)$.よって,ナイキスト線図の出発点は$l=0$のときは実軸上の点$(b_0/a_0, 0)$であり,$l \geq 1$のときには$-l\pi/2$の方向の無限遠である.そして$-(n-m)\pi/2$の方向から原点へ向かう曲線となる.$k+l-m = n-m = 4$として$l = 0, 1, 2, 3$の場合について高次系のナイキスト線図を表すと,図3.19のようになる.

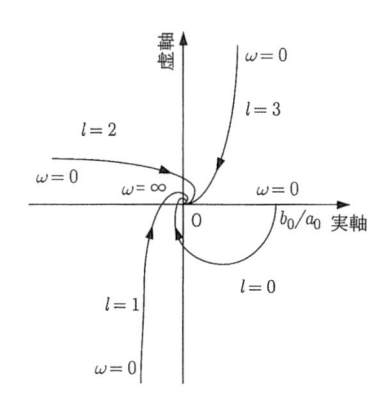

図 3.19 高次系$(b_{m-1}s^{m-1} + \cdots + b_0)/(s^n + a_{n-1}s^{n-1} + \cdots + a_0)$のナイキスト線図

3.3.3 基本要素のボード線図

周波数応答の特性を図で表すもう1つの方法はボード線図と呼ばれるもので、横軸に入力信号の周波数 ω をとり、ゲインと位相差の変化を2つの図で示す。このとき、周波数 ω の変化の範囲を大きく表示できるように横軸は対数目盛りにして表示する。そして、縦軸にゲインのデシベル表示 $20\log_{10}|G(j\omega)|$ をプロットした線図を**ゲイン線図**（gain diagram）と呼び、縦軸に位相差 $\angle G(j\omega)$ をとった線図を**位相線図**（phase diagram）と呼ぶ。ボード線図を描くことにより、制御系の特性が入力信号の周波数 ω に対してどのように変化するかを知ることができる。

(1) 積分要素のボード線図

はじめに積分要素のボード線図を描いてみる。積分要素の周波数伝達関数 $G(j\omega) = 1/j\omega$ のゲインと位相差は

$$|G(j\omega)| = \frac{1}{|j\omega|} = \frac{1}{|\omega|} \tag{3.89}$$

$$\angle G(j\omega) = \angle \frac{1}{j\omega} = \angle \frac{1}{j} = -\angle j = -90° \tag{3.90}$$

であった。したがってゲインのデシベル表示は、

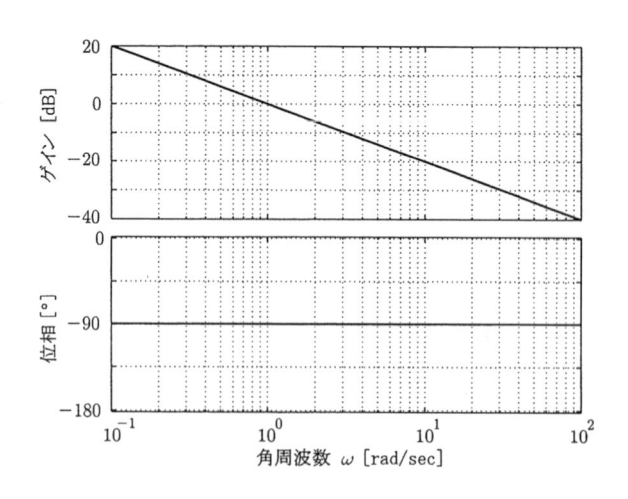

図 3.20 積分要素 $1/s$ のボード線図

$$20\log_{10}|G(j\omega)| = 20\log_{10}\left|\frac{1}{\omega}\right| = -20\log_{10}|\omega| \tag{3.91}$$

である．ここで，式 (3.91) は ω が 10 倍されるごとにゲインが 20 dB だけ減少する直線である．これを -20 dB/dec の勾配を持つ直線と呼ぶ．また，式 (3.90) より位相差は常に $-90°$ である．これより，積分要素のボード線図は図 3.20 のようになる．

例題 比例要素と微分要素のボード線図を描け．

比例要素 $G(j\omega) = K$ のゲインと位相差は

$$20\log_{10}|G(j\omega)| = 20\log_{10}|K| = 一定$$
$$\angle G(j\omega) = 0°$$

であり，微分要素 $G(j\omega) = j\omega$ のゲインと位相差は

$$20\log_{10}|G(j\omega)| = 20\log_{10}|\omega|$$
$$\angle G(j\omega) = \angle j\omega = \angle j = 90°$$

である．したがって，ボード線図は図 3.21，3.22 のようになる．

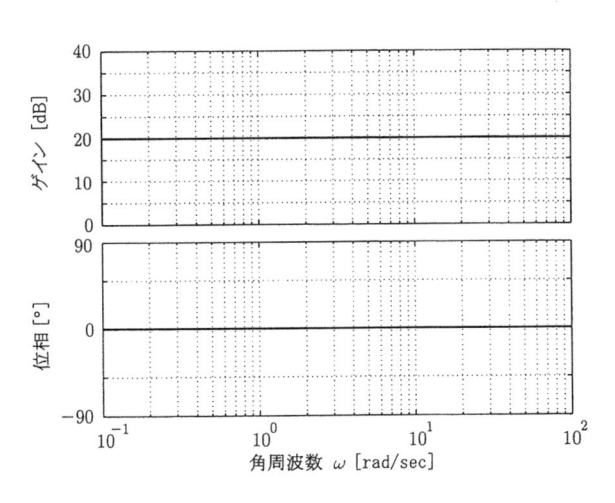

図 3.21 比例要素 $K(=10)$ のボード線図

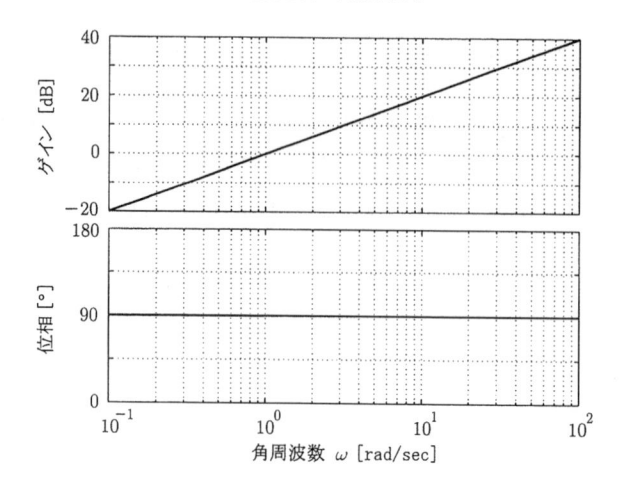

図 3.22 微分要素 s のボード線図

(2) 1 次遅れ要素のボード線図

1 次遅れ要素の周波数伝達関数 $G(j\omega)$ のゲインと位相差は,

$$|G(j\omega)| = \frac{1}{\sqrt{1+(\omega T)^2}} \tag{3.92}$$

$$\angle G(j\omega) = -\tan^{-1}\omega T \tag{3.93}$$

であった.またゲインのデシベル表示は

$$20\log_{10}|G(j\omega)| = -10\log_{10}\{1+(\omega T)^2\} \text{ dB} \tag{3.94}$$

である.そこで,ωT が 1 に比べて十分小さいときと大きいときに分けて線図を求める.はじめに $\omega T \ll 1$ のときには

$$20\log_{10}|G(j\omega)| \simeq 0 \text{ dB} \tag{3.95}$$

$$\angle G(j\omega) \simeq 0° \tag{3.96}$$

つぎに $\omega T \gg 1$ のときは

$$20\log_{10}|G(j\omega)| \simeq -20\log_{10}\omega T \text{ dB} \tag{3.97}$$

$$\angle G(j\omega) \simeq -90° \tag{3.98}$$

である．ここで，$-20\log_{10}\omega T = -20\log_{10}T - 20\log_{10}\omega$ より，式 (3.97) は -20 dB/dec の勾配をもつ直線である．式 (3.95) と式 (3.97) はそれぞれ $\omega \to 0$ と $\omega \to \infty$ における漸近線を表している．ゲイン線図の漸近線は $-20\log_{10}\omega T = 0$ のとき，すなわち $\omega = 1/T$ において 0 dB 線と交わり，このときの周波数を**折れ点周波数**(break point frequency) と呼ぶ．例として，$T = 1$ としたときの折れ点周波数 $\omega = 1$ におけるゲインと位相差を求めてみると

$$20\log_{10}|G(j\omega)| = -10\log_{10}2 \simeq -3 \text{ dB} \tag{3.99}$$

$$\angle G(j\omega) \simeq -45° \tag{3.100}$$

以上のことより，$T = 1$ としたときの 1 次遅れ要素のボード線図は図 3.23 のように描ける．

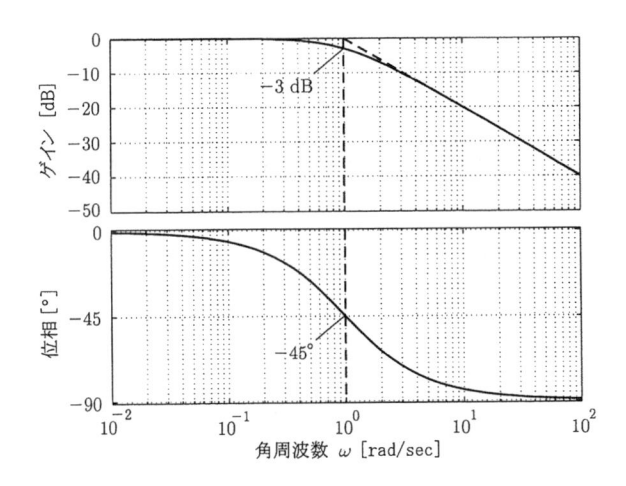

図 3.23 1 次遅れ要素 $1/(1+Ts)$ のボード線図

(3) 2 次遅れ要素のボード線図

ζ を減衰係数，ω_n を固有角周波数とすると 2 次遅れ要素の周波数伝達関数 $G(j\omega)$ のゲインと位相角は，

$$|G(j\omega)| = \frac{\omega_n^2}{\sqrt{(\omega_n^2 - \omega^2)^2 + (2\zeta\omega_n\omega)^2}} \quad (3.101)$$

$$\angle G(j\omega) = -\tan^{-1}\frac{2\zeta\omega_n\omega}{\omega_n^2 - \omega^2} \quad (3.102)$$

で与えられた．よって，ゲインのデシベル表示は

$$20\log_{10}|G(j\omega)| = -10\log_{10}\left[\left\{1 - \left(\frac{\omega}{\omega_n}\right)^2\right\}^2 + \left(2\zeta\frac{\omega}{\omega_n}\right)^2\right] \text{ dB} \quad (3.103)$$

である．2次遅れ要素のボード線図はζやω_nの値によって大きく変化するため，1次遅れ要素に比べてやや複雑な線図となる．しかし，ωの値をいろいろ変化させて式 (3.101) と式 (3.102) を計算することにより同じように求めることができる．式 (3.101) と式 (3.102) において

$\omega \ll \omega_n$のとき，$20\log_{10}|G| = 0$ dB，$\qquad\qquad\angle G = 0°$

$\omega = \omega_n$のとき，$20\log_{10}|G| = -20\log_{10}(2\zeta)$ dB，$\quad \angle G = -90°$

$\omega \gg \omega_n$のとき，$20\log_{10}|G| = -40\log_{10}(\omega/\omega_n)$ dB，$\angle G = -180°$

以上の結果から，ゲイン線図は$\omega \to 0$では0に漸近し，$\omega = \omega_n$で$-20\log_{10}(2\zeta)$

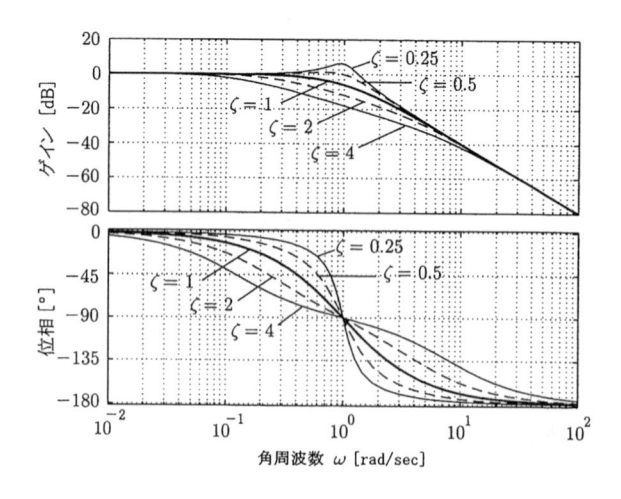

図 3.24　2次遅れ要素 $\omega_n^2/(s^2 + 2\zeta\omega_n s + \omega_n^2)$ のボード線図

を通り，$\omega \to \infty$ においては -40 dB/dec の勾配を持つ直線に漸近する．また位相線図は，$\omega \to 0$ では 0 に漸近し，$\omega = \omega_n$ で $-90°$ を通り，$\omega \to \infty$ においては $-180°$ に漸近する．例として，$\omega_n = 1$ で ζ の値を 0.25 から 4 まで変化させたときの 2 次遅れ要素のボード線図を描くと図 3.24 のようになる．図 3.24 より減衰係数 ζ が小さいほどゲイン線図は固有角周波数の付近で大きなピークを示し，ここで共振的になることがわかる．

(4) ボード線図の合成

ボード線図上では，基本要素のボード線図を合成することにより高次系のボード線図を描くことができる．いま，システムの伝達関数が複数の要素の直列結合で

$$G(s) = G_1(s) G_2(s) \tag{3.104}$$

と表せるとする．この周波数伝達関数を極形式で表すと

$$G(j\omega) = re^{j\theta} = r_1 r_2 e^{j(\theta_1 + \theta_2)} \tag{3.105}$$

である．したがって

$$20\log_{10}|G(j\omega)| = \sum_{i=1}^{2} 20\log_{10} r_i = \sum_{i=1}^{2} 20\log_{10} |G_i(j\omega)| \tag{3.106}$$

$$\angle G(j\omega) = \sum_{i=1}^{2} \theta_i = \sum_{i=1}^{2} \angle G_i(j\omega) \tag{3.107}$$

となる．式 (3.106) より，ゲイン線図は対数スケール上で加え合わせればよいことがわかる．また式 (3.107) より，位相線図は線形スケール上で加え合わせればよい．

例題 $G(s) = \dfrac{10}{s(1 + 0.5s)}$ で表される伝達関数のボード線図を描け．

$$G(s) = G_1(s) G_2(s) G_3(s) = 10 \cdot \frac{1}{s} \cdot \frac{1}{1 + 0.5s}$$

とすると，周波数伝達関数 $G(j\omega)$ のゲインは次式で与えられる．

$$20\log_{10}|G(j\omega)| = 20\log_{10}10 - 20\log_{10}\omega - 10\log_{10}\{1+(0.5\omega)^2\}$$

ここで，$-20\log_{10}\omega$ の直線と 20 dB 線との交点の角周波数は，$\omega_1 = 1$ である．また，$-10\log_{10}\{1+(0.5\omega)^2\}$ の折れ点周波数は $\omega_2 = \dfrac{1}{0.5} = 2$ である．一方，位相差は

$$\angle G(s) = 0° - 90° - \tan^{-1}(0.5\omega)$$

である．よって，各要素のゲイン線図と位相線図を加え合わせることにより，$G(s)$ のボード線図は図 3.25 のように描ける．

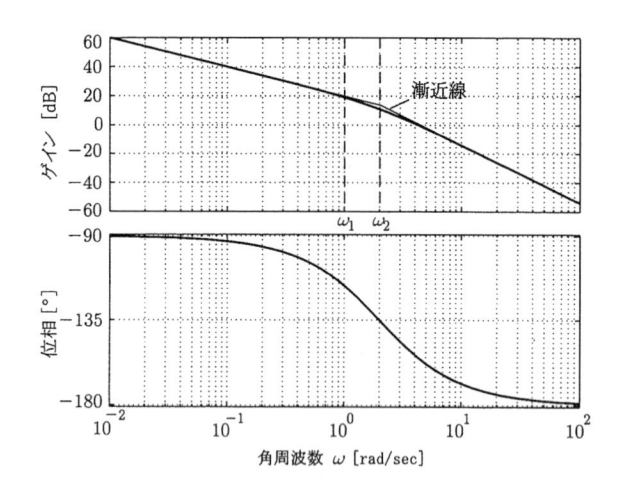

図 3.25　$G(s) = 10/\{s(1+0.5s)\}$ のボード線図

練習問題

3.1 伝達関数が次の関数で与えられる系のインディシャル応答（単位ステップ応答）$y(t)$ とインパルス応答 $g(t)$ をそれぞれ求めよ．
(1) $G(s) = \dfrac{3}{1+s}$
(2) $G(s) = \dfrac{2}{(1+T_1 s)(1+T_2 s)}$

(3) $G(s) = \dfrac{12}{s^2 + 2s + 4}$

(4) $G(s) = \dfrac{12}{(s+1)^2}$

3.2 図 3.26 に示す液面制御系において,タンクへの流入流量 $q_i(t)$ を入力,液面の深さ $h(t)$ を出力とすると,伝達関数は $G(s) = R/(1+RCs)$ となる.ただし,R, C はそれぞれタンク出口の抵抗,タンク断面積である.

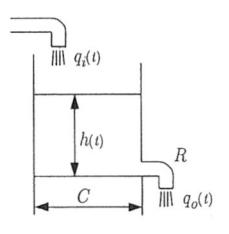

図 3.26 液面制御系

いま,$q_i(t)$ が 600 [ℓ/h] のとき水位が 200 [mm] で平衡している.この状態から流入量が5%だけステップ状に増加したとする.系の時定数を $T = RC = 480$ [sec],$C = 0.04$ [m^2] として,時間が,T 秒経過したときの水位,および最終平衡水位を求めよ.

3.3 図 3.27 に示す RC 回路について次の問いに答えよ.

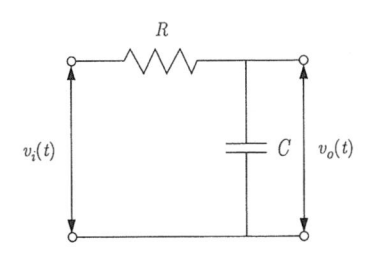

図 3.27 RC 回路

(1) $v_i(t)$ を入力,$v_o(t)$ を出力としたときの伝達関数を求めよ.

(2) $R = 1/2$ [Ω],$C = 1$ [F] として,インディシャル応答 $y(t)$ とインパルス応答 $g(t)$ を求め,応答曲線を図示せよ.

3.4 図 3.28 に示す質量・ばね・ダンパ系について,次の問いに答えよ.

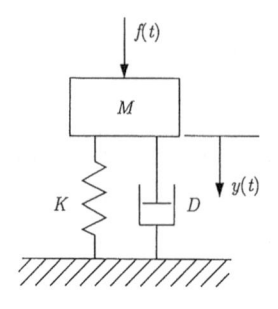

図 3.28 質量・ばね・ダンパ系

(1) 質量 M に加わる力 $f(t)$ を入力とし，質量の変位 $y(t)$ を出力としたときの伝達関数を求めよ．
(2) $M = 1$ [kg], $K = 400$ [N/m], $D = 20$ [N/(m/sec)] のとき，固有角周波数 ω_n と減衰係数 ζ を求めよ．
(3) 10 [N] のステップ状の力 $f(t)$ が入力として加えられた場合の変位出力 $y(t)$ の応答を求めよ．

3.5 伝達関数が $G(s) = \omega_n^2/(s^2 + 2\zeta\omega_n s + \omega_n^2)$ の系にステップ状入力が加えられたとき，行き過ぎ量が 25%，振動の周期が 1 秒であったとする．この系の減衰係数 ζ，固有角周波数 ω_n および振幅減衰比 λ を求めよ．

3.6 次の 2 つの伝達関数のインディシャル応答を求め，両者の波形を比較せよ．
(1) $G_1(s) = \dfrac{5}{s^2 + 2s + 5}$
(2) $G_2(s) = \dfrac{100}{(s^2 + 2s + 5)(s + 20)}$

3.7 図 3.29 の単一フィードバック系において，$G(s)$ が次の式で与えられる場合のインディシャル応答を求めよ．
(1) $G(s) = \dfrac{s + 12}{s(s + 7)}$

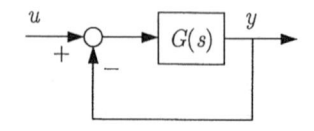

図 3.29 単一フィードバック系

(2) $G(s) = \dfrac{5}{s(s+4)}$

3.8 伝達関数が次の関数で与えられる系のナイキスト線図を描け．

(1) $G(s) = \dfrac{1}{4s}$

(2) $G(s) = 1 + 3s$

(3) $G(s) = \dfrac{3}{1+s}$

(4) $G(s) = \dfrac{4}{(s+5)^2}$

3.9 伝達関数が次の関数で与えられる系のボード線図を描け．

(1) $G(s) = \dfrac{3}{s}$

(2) $G(s) = 1 + 5s$

(3) $G(s) = \dfrac{4}{1+0.5s}$

(4) $G(s) = \dfrac{16}{s^2 + 4s + 25}$

3.10 次の伝達関数のボード線図をボード線図の合成によって描け．

$G(s) = \dfrac{10}{s(1+0.1s)(1+0.01s)}$

3.11 図 3.27 の RC 回路において，$R = 2\ [\Omega]$，$C = 1\ [\text{F}]$ としたとき，次の各問いに答えよ．

(1) この要素の伝達関数を求めよ．

(2) この要素の周波数伝達関数を求めよ．

(3) この要素の周波数伝達関数のゲインを表す式を示せ．

(4) この要素の周波数伝達関数の位相を表す式を示せ．

(5) この要素のナイキスト線図を描け．

(6) この要素のボード線図を描け．

3.12 図 3.28 の質量・ばね・ダンパ系において，$M = 100\ [\text{kg}]$，$K = 1500\ [\text{N/m}]$，$D = 200\ [\text{N/(m/sec)}]$ としたとき，**3.11** と同じ各問に答えよ．

4
安 定 性

本章では，制御系の特性を表す最も重要なものとして**安定性**を扱う．まず，1入力1出力システムが安定であるための数学的条件について説明し，その安定性を簡潔に調べる方法をいくつか紹介する．次に，フィードバック制御系における安定性について説明する．

4.1 安定性とは

「安定である」とはすなわち「発散しないこと」であり，「安定性」とは「発散しないための条件」であるともいえる．抽象的でわかりにくいので具体例をあげて説明しよう．図 4.1 に示す，1入力1出力システムにおいて，次に示す3つの伝達関数 $G_1(s), G_2(s), G_3(s)$ を考えてみよう．

$$G_1(s) = \frac{1}{s^2 + 2s + 50} \tag{4.1}$$

$$G_2(s) = \frac{1}{s^2 + 50} \tag{4.2}$$

$$G_3(s) = \frac{1}{s^2 - 2s + 50} \tag{4.3}$$

それぞれの伝達関数に対して，インパルス応答を求めてみると，

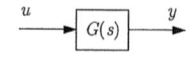

図 4.1　1入力1出力システム

$$g_1(t) = \frac{1}{7}e^{-t}\sin 7t \tag{4.4}$$

$$g_2(t) = \frac{1}{\sqrt{50}}\sin\sqrt{50}t \tag{4.5}$$

$$g_3(t) = \frac{1}{7}e^{t}\sin 7t \tag{4.6}$$

であり，図 4.2 となる．

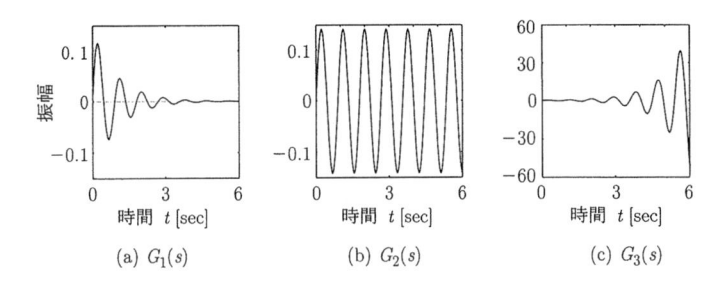

図 4.2 インパルス応答

図を見ると $G_1(s)$ は時間とともに出力が小さくなっているが，$G_2(s)$ は一定振幅の振動，$G_3(s)$ は発散していることがわかる．$G_1(s)$ を安定なシステムといい，$G_2(s)$ は安定限界，$G_3(s)$ は不安定なシステムという．このように，出力が発散しないシステムは安定なシステムといえるが，全ての入力に対していえるわけではない．安定なシステムでも発散するような入力を与えると発散してしまうかもしれない．そこで安定性を次のように定義しておく．

入出力安定 任意の有界な入力をシステムに与えたとき，出力も有界になるとき，そのシステムを**入出力安定**(input-output stable) あるいは単に**安定**(stable) であるという[*1]．

さて，この言葉だけでの定義を数学的に与えてみよう．

図 4.1 に示すシステムにおいて，初期値を零としたときの応答 $y(t)$ はインパルス応答 $g(t)$ と入力 $u(t)$ のたたみ込み積分として計算できる[*2]．

[*1] **有界入力有界出力安定**(bounded-input-bounded-output stable) ということもある．
[*2] 詳細は付録 A.1.2 項 (8) を参照すること．

$$y(t) = \int_0^\infty g(t-\tau)u(\tau)d\tau \tag{4.7}$$

先の入出力安定の条件より，入力 $u(t)$ は有界であるので，

$$|u(t)| \leq N < \infty, \quad t \geq 0 \tag{4.8}$$

である．したがって，式 (4.7) から出力の大きさ $|y(t)|$ は次のようになる．

$$|y(t)| \leq \int_0^\infty |g(\tau)||u(t-\tau)|d\tau \leq N\int_0^\infty |g(t)|dt \tag{4.9}$$

この式より，出力が発散しない，つまり $|y(t)| < \infty$ となるためにはインパルス応答 $g(t)$ の絶対値積分が発散しないことが必要である．以上より，以下の定義を得る．

数学的な定義 $G(s)$ が安定であるための必要十分条件は，インパルス応答 $g(t)$ の絶対値積分が有界であることである．すなわち，

$$\int_0^\infty |g(t)|dt < \infty \tag{4.10}$$

となることである．これは，次式のように書き直すこともできる．

$$\lim_{t\to\infty} g(t) = 0 \tag{4.11}$$

つまり，インパルス応答が時間とともに零に収束すれば $G(s)$ は安定といえる．
このようにインパルス応答を求めることができる場合には安定性を調べることができる．しかしながら，複雑な伝達関数が与えられたときは，応答の計算が大変であり，充分に長い時間の応答が計算できないと判定がむずかしいかもしれない．そこで，インパルス応答を求めなくても伝達関数から安定性を調べる方法を考えてみよう．

例にあげた伝達関数式 (4.1) から式 (4.3) の分母について，(分母の式)= 0 としたときの根を求めてみよう．すると，

$$G_1(s): s = -1 \pm 7j \tag{4.12}$$

$$G_2(s): s = 0 \pm \sqrt{50}j \tag{4.13}$$

$$G_3(s): s = 1 \pm 7j \tag{4.14}$$

4.1 安定性とは

となる. この式とインパルス応答, 式 (4.4) から式 (4.6) を比べるとわかるように, この根の実数部が負の時, 安定であることがわかる. この根を**特性根**または**極**といい, 伝達関数の分母の式を**特性多項式**(characteristic polynomial) という. 安定性は, この極の実数部を調べることによりわかるのである.

次に一般の伝達関数で考えてみよう.

$$G(s) = \frac{b_m s^m + b_{m-1} s^{m-1} + \cdots + b_1 s + b_0}{a_n s^n + a_{n-1} s^{n-1} + \cdots + a_1 s + a_0} \quad (a_n \neq 0) \quad (4.15)$$

ここで, 伝達関数の分子と分母は互いに素であるとする. つまり, 共通因子がなく約分できないとする. これを, **既約**であるという. 先に紹介したように, 分母の式は特性多項式である. この特性多項式について,

$$a_n s^n + a_{n-1} s^{n-1} + \cdots + a_1 s + a_0 = 0 \quad (4.16)$$

の根 (特性根), すなわち**特性方程式**(characteristic equation) の根を求めてみる. 簡単のため, 根 p_i は全て相異なるものとする. 式 (4.16) は因数分解できて式 (4.17) となる.

$$(s - p_1)(s - p_2) \cdots (s - p_n) = 0 \quad (4.17)$$

ここで, 根 p_i は複素数である. インパルス応答は伝達関数の逆ラプラス変換より求めることができるので,

$$y(t) = \mathcal{L}^{-1}[G(s)] \quad (4.18)$$

$$= \mathcal{L}^{-1}\left[\frac{b_m s^m + b_{m-1} s^{m-1} + \cdots + b_1 s + b_0}{a_n (s - p_1)(s - p_2) \cdots (s - p_n)}\right] \quad (4.19)$$

となる. 式 (4.18) を部分分数展開し, 逆ラプラス変換を求めると,

$$y(t) = \mathcal{L}^{-1}\left[\frac{A_1}{s - p_1} + \frac{A_2}{s - p_2} \cdots + \frac{A_n}{s - p_n}\right] \quad (4.20)$$

$$= A_1 e^{p_1 t} + A_2 e^{p_2 t} + \cdots + A_n e^{p_n t} \quad (4.21)$$

となる. ここで, A_i は留数計算により求まる値である[*1]. また, $e^{p_i t}$ は**モー**

[*1] 詳細は付録 A.2 節を参照すること.

ド(mode) と呼ばれ，式 (4.21) を**モード展開**と呼ぶ．さて，式 (4.21) が収束する条件は，Re $\{p_i\} < 0$ のとき，

$$\lim_{t \to \infty} e^{p_i t} = 0 \qquad (4.22)$$

となる．つまり，全ての特性根 p_i の実部が負，すなわち，Re $\{p_i\} < 0, i = 1, \cdots, n$ であれば，インパルス応答 $y(t)$ は $t \to \infty$ で零に収束することになる．このとき，安定性の定義より $G(s)$ は安定となる．先の，特性根 p_i を s 平面にプロットすると，システムが安定となるためには図 4.3 のように，特性根が s 平面の虚軸を除く左開半平面に存在しなければならないわけである．

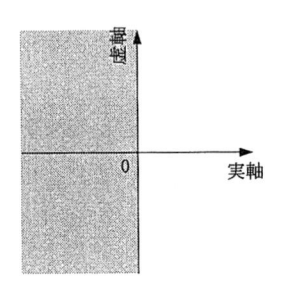

図 4.3　s 平面

4.2　ラウス・フルビッツの安定判別法

システムの安定性は伝達関数の特性根の実部の符号を調べることにより，判別することができることがわかった．しかしながら，特性多項式の次数が大きくなると特性根を求めることは容易ではない (5 次以上の代数方程式に根の公式はない)．

次式に示す特性方程式を持つシステムの安定性を考えてみよう．

$$a_n s^n + a_{n-1} s^{n-1} + \cdots + a_1 s + a_0 = 0 \qquad (4.23)$$

この特性方程式の根を求めることなく，安定性を求める簡単な方法として**ラウ**

ス・フルビッツの安定判別法(Routh-Hurwitz stability criterion) がある[*1]．この手法について示そう．

条件 1 全ての係数 $a_0, a_1, \cdots, a_n$ は存在し，同符号である．

この条件から，異符号の係数や欠項のある特性多項式を持つシステムは不安定となる．ただし，この条件はシステムが安定であるための必要条件であることに注意されたい．つまり，条件 1 を満たしているからといってそのシステムが安定であるとはいえない．

条件 2 条件 1 を満たしていれば，表 4.1 のラウス表を作る．

表 4.1 ラウス表

s^n	$a_0^{(0)}$	$a_1^{(0)}$	$a_2^{(0)}$	$a_3^{(0)}$	$a_4^{(0)}$	$\cdots$
s^{n-1}	$a_0^{(1)}$	$a_1^{(1)}$	$a_2^{(1)}$	$a_3^{(1)}$		$\cdots$
s^{n-2}	$a_0^{(2)}$	$a_1^{(2)}$	$a_2^{(2)}$	$a_3^{(2)}$		$\cdots$
s^{n-3}	$a_0^{(3)}$	$a_1^{(3)}$	$a_2^{(3)}$			$\cdots$
s^{n-4}	$a_0^{(4)}$	$a_1^{(4)}$	$a_2^{(4)}$			$\cdots$
$\vdots$	$\vdots$					
s^1	$a_0^{(n-1)}$					
s^0	$a_0^{(n)}$					

ここで，ラウス表の各要素 a_i^k は以下のように計算する．まず，s^n, s^{n-1} 行を次のように決める．

$$s^n : a_0^{(0)} = a_n, \quad a_1^{(0)} = a_{n-2},\ a_2^{(0)} = a_{n-4}, \cdots \quad (4.24)$$

$$s^{n-1} : a_0^{(1)} = a_{n-1},\ a_1^{(1)} = a_{n-3},\ a_2^{(1)} = a_{n-5}, \cdots \quad (4.25)$$

s^{n-2} 行以下は次の式で計算する．

$$a_i^{(k+2)} = a_{i+1}^{(k)} - \frac{a_0^{(k)}}{a_0^{(k+1)}} a_{i+1}^{(k+1)} \quad (4.26)$$

このラウス表の第 1 列 $\left\{ a_0^{(0)}, a_0^{(1)}, a_0^{(2)}, \cdots, a_0^{(n)} \right\}$ を**ラウス数列**という．ラウス数列は安定性を判断するのに用いられ，要素が全て同符号であれば，システ

[*1] 多項式の係数から代数的に安定性を判別する方法は，ラウスとフルビッツによって独立に考案されたが，両者は本質的に等価であるため，本書では，ラウスの判別法をラウス・フルビッツの安定判別法と呼ぶことにする．なお，フルビッツの判別法を付録 A.4 に示す．

ムは安定である．また，システムが不安定の場合には，不安定根つまり，正の実部を持つ特性根の数は，ラウス数列の符号変化の数と一致する．このような安定判別の方法をラウス・フルビッツの安定判別法という．

例題 次の特性方程式を持つシステムの安定性を調べよ．

$$s^4 + 5s^3 + 13s^2 + 18s + 12 = 0$$

（解答）ラウス表を作ってみると，ラウス数列は $\{1, 5, 47/5, 546/47, 12\}$ となり，符号の変化はなく全て正である．したがって，システムは安定である．

s^4	1	13	12
s^3	5	18	
s^2	$13 - (1/5)18 = 47/5$	12	
s^1	$18 - (25/47)12 = 546/47$		
s^0	12		

例題 次の特性方程式を持つシステムが安定となるような a の範囲を求めよ．

$$s^4 + 2s^3 + as^2 + 4s + 5 = 0$$

（解答）ラウス表を作ってみると，ラウス数列は $\{1, 2, a-2, (4a-18)/(a-2), 5\}$ となり，符号の変化がないためには，$a - 2 > 0$ かつ $(4a - 18)/(a - 2) > 0$ である必要がある．したがって，$a > 4.5$ のときシステムは安定となる．

s^4	1	a 5
s^3	2	4
s^2	$a - (1/2)4 = a - 2$	5
s^1	$4 - \{2/(a-2)\}5 = (4a-18)/(a-2)$	
s^0	5	

例題 次の特性方程式を持つシステムの安定性を調べよ．

$$s^4 + s^3 + 2s^2 + 2s + 4 = 0$$

（解答）ラウス表を作ってみると，

s^4	1	2	4
s^3	1	2	
s^2	$2-(1/1)2 = 0 \to \epsilon$		
s^1	$2-4/\epsilon$		
s^0	4		

注意が必要なのは，s^2 で第 1 列が 0 となることである．第 1 列のある要素が 0 となる場合には，表のように微小な正数 $\epsilon(>0)$ に置き換えて計算をする．ラウス数列は $\{1, 1, \epsilon, 2-4/\epsilon, 4\}$ となる．ここで，$\epsilon \to 0$ とすると，ラウス数列は，$\{1, 1, +0, -\infty, 4\}$ となり，2 回の符号変化がある．したがって，システムは不安定であり，不安定根の数は 2 つであることがわかる．

4.3 閉ループシステムの安定性

前節では，開ループ伝達関数の安定性について議論したが，ここでは，図 4.4 に示すようなフィードバックを持つ閉ループシステムの安定性について見てみよう．

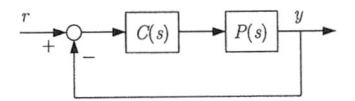

図 4.4 フィードバックシステム (1)

フィードバックループを切断したとき，2 つの端点間の伝達関数を一巡伝達関数と呼ぶ．今これは $P(s)C(s)$ であり，閉ループ伝達関数 $W(s)$ は，

$$W(s) = \frac{P(s)C(s)}{1+P(s)C(s)} \tag{4.27}$$

となる．ここで，式 (4.27) の分母に現れる $1+P(s)C(s)$ を**還送差**(return difference) と呼ぶ．安定性を判別するには閉ループ伝達関数の特性方程式，

$$1+P(s)C(s) = 0 \tag{4.28}$$

の根を調べればよい．根の実部が全て負であれば閉ループシステムは安定となる．それでは，図 4.5 に示すようなフィードバックを持つ場合はどうなるであろうか．

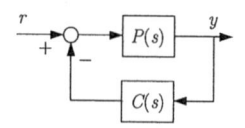

図 4.5 フィードバックシステム (2)

一巡伝達関数は $P(s)C(s)$ であり，閉ループ伝達関数 $W(s)$ は，

$$W(s) = \frac{P(s)}{1 + P(s)C(s)} \tag{4.29}$$

となる．安定性を判別するには式 (4.28) と同じ特性方程式の根を調べ，実部が全て負であれば閉ループシステムは安定となる．

ここで，$P(s)$ と $C(s)$ のそれぞれの極および零点が共通因子を持つ場合は注意を要する．次の例を考えてみよう．

$$P(s) = \frac{s-1}{(s+2)(s+3)} \tag{4.30}$$

$$C(s) = \frac{s+2}{(s-1)(s+5)} \tag{4.31}$$

のとき，$P(s)C(s)$ は，

$$P(s)C(s) = \frac{1}{(s+3)(s+5)} \tag{4.32}$$

となる．因子 $s-1$ と $s+2$ が約分されたわけであるが，このような約分を**極零相殺**(pole zero cancellation) という．さらに，$s-1$ は $C(s)$ では不安定な極であり，このような不安定な極が約分されることを**不安定な極零相殺**という．

特性方程式は，

$$1 + P(s)C(s) = 1 + \frac{1}{(s+3)(s+5)} = 0 \tag{4.33}$$

4.3 閉ループシステムの安定性

より，
$$1+(s+3)(s+5) = s^2+8s+16 = (s+4)^2 = 0 \tag{4.34}$$

となる．特性根は $s=-4$ であり，閉ループシステムは安定であるように思われる．このシステムに，図 4.6 に示す出力にノイズが混入する場合を調べると，ノイズは伝達関数 $C(s)$ を通る際，不安定根 $s=1$ により発散してしまうことがわかる．つまり，閉ループシステムが安定であるように見えても，不安定な極零相殺がある場合は安定ではない．

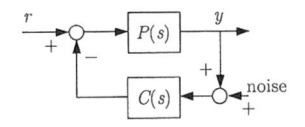

図 4.6 ノイズが混入した場合のフィードバックシステム

以上より，閉ループシステムが安定となる条件は，内部安定条件と呼ばれ，次のようになる．この問題は，6.3 節で再び詳しく検討する．

閉ループシステムが安定となる条件
条件 1 $P(s)$ と $C(s)$ の間には不安定な極零相殺は存在しない．
条件 2 $1+P(s)C(s)=0$ の根は全て左開半平面に存在する．

例題 次のフィードバックシステムが安定となる K の範囲を求めよ．

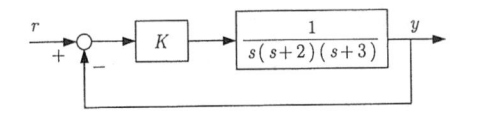

図 4.7 例題

（解答）一巡伝達関数には不安定な極零相殺はないので，閉ループ系の特性方程式の根を調べればよい．特性方程式は，

$$1+K\frac{1}{s(s+2)(s+3)} = 0$$

より，

$$s^3 + 5s^2 + 6s + K = 0$$

である．ラウス表を作ってみると，

s^3	1	6
s^2	5	K
s^1	$6 - K/5$	
s^0	K	

ラウス数列は $\{1, 5, 6 - K/5, K\}$ となり，符号の変化がないためには，$K > 0$ かつ $6 - K/5 > 0$ である必要がある．したがって，$0 < K < 30$ のときシステムは安定となる．

4.4 ナイキストの安定判別法

今まで説明してきた安定判別法は，判別したい伝達関数の特性根を調べることを基本としてきた．これは伝達関数が式 (4.15) のような有理関数の場合であった．しかしながら，伝達関数にむだ時間要素 e^{-Ts} が含まれる場合はどうであろうか．特性根を求めることはできないため，今までの判別法は使えない．

本節で説明するナイキストの安定判別法は，周波数応答に基づくナイキスト線図を用いた判別法であるため，ナイキスト線図を描くことができれば，むだ時間要素 e^{-Ts} を含む場合でもフィードバックシステムの安定判別が可能である．

さて，図 4.4 または図 4.5 のフィードバックシステムを考えよう．一巡伝達関数を $L(s)$ とすると，いずれも $L(s) = P(s)C(s)$ である．この一巡伝達関数 $L(s)$ のナイキスト線図を使ってフィードバックシステムの安定性を判別する方法が**ナイキストの安定判別法**(Nyquist stability criterion) である．

いま，次のようなフィードバック系の還送差 $G(s) = 1 + L(s) = 1 + P(s)C(s)$ に着目し，$G(s)$ を次のように因数分解する．

4.4 ナイキストの安定判別法

$$G(s) = 1 + L(s) = k_0 \frac{\prod_{k=1}^{m}(s-z_k)}{\prod_{i=1}^{n}(s-p_i)} \tag{4.35}$$

明らかにこの零点 z_k がフィードバック系の閉ループ伝達関数の極であり,閉ループ系の安定性を決定する.極 p_i がループ伝達関数 $L(s)$ の極と一致することは容易に確かめられる.4.3 節で述べたように,伝達関数 $P(s)C(s)$ において不安定極と零点の相殺がないという条件の下では,この零点 z_k がすべて左半平面にあることが,フィードバック系が内部安定であるための必要十分条件である.ここでは,安定性を支配している零点 z_k を直接調べることなく,関数 $G(s)$ の性質を図的に調べる方法を検討しよう.

複素数 s の値を 1 つ決めて $G(s)$ に代入すれば,その値が確定する.一般に,それは複素数になる.そこで,s を表す複素平面(s 平面)と $G(s)$ を表す複素平面($G(s)$ 平面)とを考えると,s 平面上の任意の点は関数 $G(s)$ によって,$G(s)$ 平面上のある一点へ写像される.図 4.8 に示すような s 平面上の閉じた軌跡 C の $G(s)$ 平面への写像を考えよう.

s 平面上で,軌跡 C に沿って時計回りに 1 周するとき,写像された $G(s)$ 平面上の点の動きを調べる.いま $G(s)$ の分子多項式の因子 $(s-z_k)$ についてだけの写像を考える (図 4.9).z_k が閉曲線 C の内部にあるときには,ベクトル $(s-z_k)$ は時計回りに 1 回転する.ベクトルの偏角は反時計回りが正であるか

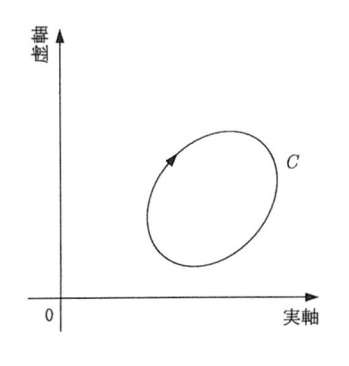

図 4.8 複素平面上の閉曲線　　　　図 4.9 ベクトルの回転

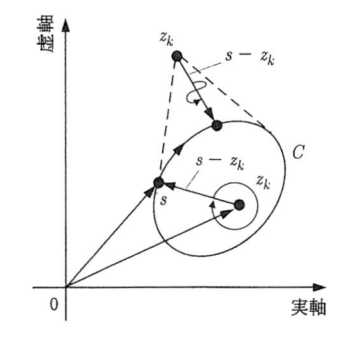

ら，偏角 $\angle(s - z_k)$ は -2π だけ変化したことになる．z_k が閉曲線 C の外部にあるときには，ベクトル $(s - z_k)$ は少し揺動して元に戻るから，回転はせず偏角 $\angle(s - z_k)$ はゼロである (図 4.9)．$G(s)$ の因子 $1/(s - p_i)$ について，同様に s 平面上の軌跡 C に沿った時計回りの 1 回転を考えると，p_i が閉曲線 C の内部にあるときベクトル $1/(s - p_i)$ は，今度は反時計回りに 1 回転する．外部にあるときにはやはり回転しない．そこで，閉曲線 C の内部にある零点 z_k の個数 Z を，極の個数を P とすれば，式 (4.35) によって s が C に沿って時計回りに 1 周するとき，$G(s)$ 全体の偏角 $\angle G(s)$ は $2\pi(P - Z)$ だけ変化する．すなわち，$G(s)$ 平面上で $G(s)$ の軌跡は原点の回りを $(P - Z)$ 回だけ反時計回りに回転する (実際の動きではなく正味の回数の意味で)．

閉曲線 C として，図 4.10 に示すものを考える．ただし，虚軸上に $G(s)$ の極 p_i がある場合，その右側を微小な半径 ρ の半円に沿って通る軌道を考える．こうした上で，$R \to \infty (\rho \to 0)$ とすれば，この C は複素平面の右半平面をすべて内部に含むものとなる．この閉曲線について先に定義した P，Z は $G(s)$ の右半平面内にある極と零点の個数となる．閉ループの安定性を決定する条件は $Z = 0$ であったから，$G(s)$ の軌跡が原点をまわる回数 N と $G(s)$ の右半平面内にある極の個数 P がわかると $Z = P - N$ より，この条件を判定できることになる (P は開ループ系の伝達関数 $P(s)C(s)$ の右半平面内にある零点の個数と等しいことに注意せよ)．これに加えて，$G(s) = 1 + L(s)$ の関係から一巡伝

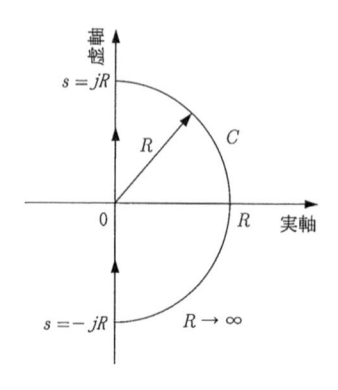

図 4.10 閉曲線 C

達関数 $L(s)$ の軌跡について考えると，この軌跡は $G(s)$ の軌跡の形はそのままにして，1 だけ左に平行移動したものとなることが確認できる．したがって以上の結果をまとめて，閉ループ系が安定であるための必要十分条件を次のように記述することができる．

「s が図 4.10 の軌跡 C に沿って時計回りに 1 周するとき，$L(s)$ の軌跡が点 (-1) の回りを反時計回りにまわる回数 N が $L(s)$ の右半平面内の極の個数 P に等しいことが閉ループ系の安定性の必要十分条件である．」

これをナイキストの安定判別法という．さらに一巡伝達関数 $L(s)$ が安定である場合を考えると，$P=0$ であるから，判別法は次のように述べることができる．

「s が図 4.10 の軌跡 C に沿って時計回りに 1 周するとき，$L(s)$ の軌跡が点 (-1) の回りを反時計回りにまわる回数 N が 0 であることが閉ループ系の安定性の必要十分条件である．」

次に，ナイキストの安定判別法を適用した具体例を示そう．

例題 次の一巡伝達関数を持つフィードバックシステムの安定性を調べよ．ただし，$K>0$ とする．

$$L(s) = \frac{K}{(s+1)(s+3)(s+5)}$$

（解答）一巡伝達関数 $L(s)$ の極は $s=-1,-3,-5$ であるから，安定である．周波数伝達関数 $L(j\omega)$ は，

$$L(j\omega) = \frac{K}{15 - 9\omega^2 + j\omega(23 - \omega^2)}$$
$$= K \frac{15 - 9\omega^2 - j\omega(23 - \omega^2)}{(15 - 9\omega^2)^2 + \omega^2(23 - \omega^2)^2}$$

となる．ナイキスト軌跡が実軸を通過するとき，$\mathrm{Im}\{L(j\omega)\}=0$ であるから，そのときの周波数 ω_{pc} は，

$$\omega_{pc} = 0, \sqrt{23}$$

となる．このとき，$L(j\sqrt{23})$ は，

$$L(j\sqrt{23}) = -\frac{K}{192}$$

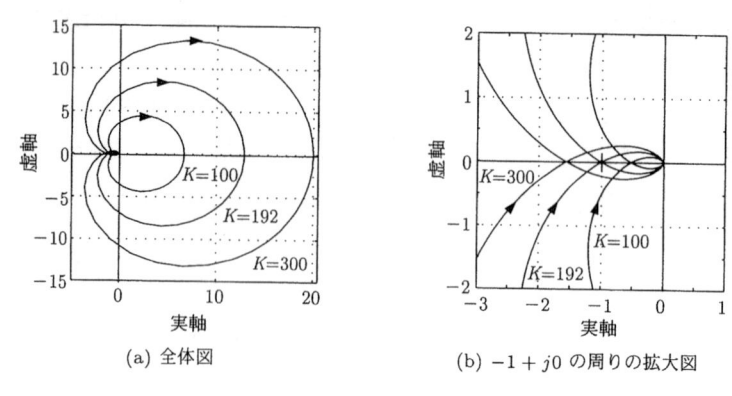

図 4.11 例題のナイキスト線図

である．したがって，図 4.11 に示すように，$K < 192$，たとえば $K = 100$ のとき，ナイキスト軌跡は点 $-1 + j0$ を左に見て回るため，システムは安定となる．また，$K > 192$，たとえば $K = 300$ のとき，ナイキスト軌跡は点 $-1 + j0$ を右に見て回り，システムは不安定となる．$K = 192$ の時は安定限界である．

例題 次の一巡伝達関数を持つフィードバックシステムの安定性を調べよ．
$$L(s) = \frac{2}{s-1}$$

（解答）一巡伝達関数の極は $s = 1$ で不安定であり，その個数は 1 であるから $N = 1$ である．ナイキスト線図は図 4.12 に示すように，点 $-1 + j0$ の周りを

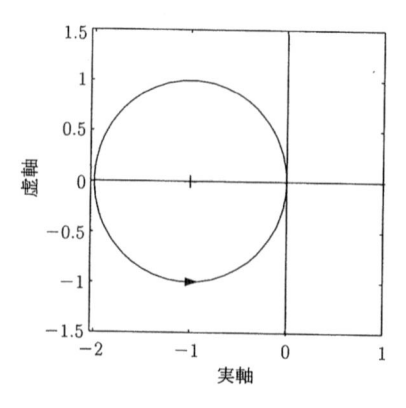

図 4.12 例題のナイキスト線図

1度回っているので $\Pi = 1$ であり,したがって $N = \Pi$ であるから,システムは安定となる.

4.5 安定余裕

制御系を設計する際,制御対象のモデルを正確に得ることは困難であり,モデルを含む一巡伝達関数により安定性を正確に判別しても,実際には安定でない場合もあり得る.つまり制御対象が変動しても安定性が保たれていないと困るわけである.そのような意味で安定性の度合いを知ることは非常に有用である.そこで本節では,安定性の度合いを表す指標として,**安定余裕**(stability margin) を導入しよう.

ゲイン余裕と位相余裕 一巡伝達関数 $L(s)$ が安定であるとき,図 4.13 のナイキスト線図を考えてみよう.図において,軌跡が $-1 + j0$ を左に見て通過すれば安定である.そこで,実軸との交点と原点との距離を ρ とする.つまり,$\rho = |L(j\omega_{pc})|$ である.ここで,ω_{pc} は位相が $-180°$ となる角周波数であり,**位相交差周波数**(phase crossover frequency)

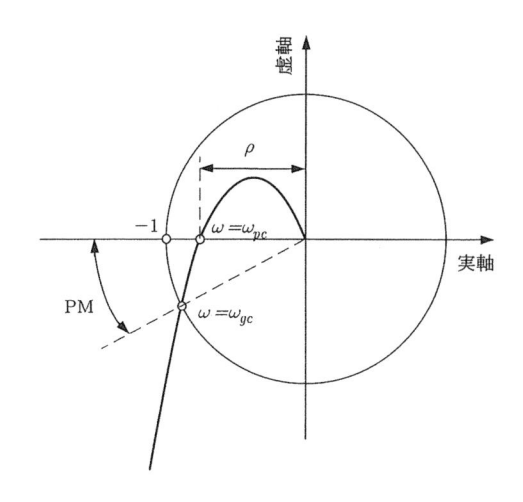

図 4.13 ゲイン余裕と位相余裕

と呼ぶ。このとき，次式で表される量を**ゲイン余裕**(gain margin) という．

$$\mathrm{GM} = 20\log_{10}\frac{1}{\rho} = -20\log_{10}\rho = -20\log_{10}|L(j\omega_{pc})| \quad (4.36)$$

ゲイン余裕 GM は軌跡が $-1+j0$ をどの程度離れて通過するかを示す量で，これが大きければ大きいほど不安定になるまでの余裕が大きいといえる．また，原点を中心に半径 1 の円を描き，軌跡との交点を求める．交点の時の周波数 ω_{gc} を**ゲイン交差周波数**(gain crossover frequency) と呼ぶ．この交点と原点を結ぶ線分と実軸とのなす角度を**位相余裕**(phase margin) といい，次式で表される．

$$\mathrm{PM} = 180° + \angle L(j\omega_{gc}) \quad (4.37)$$

位相余裕 PM もゲイン余裕同様，不安定になるまでの余裕を表す量である．

なお，ゲイン余裕と位相余裕はボード線図でも定義することができる．ゲイン余裕は位相が 180 °遅れたときに，ゲインが 1 または 0 dB よりどれだけ小さいかを表している．また，位相余裕はゲインが 0 dB となる周波数で，位相が − 180 °よりどれだけ遅れていないかを表す．ボード線図では図 4.14 に示す GM，PM がそれぞれゲイン余裕，位相余裕である．

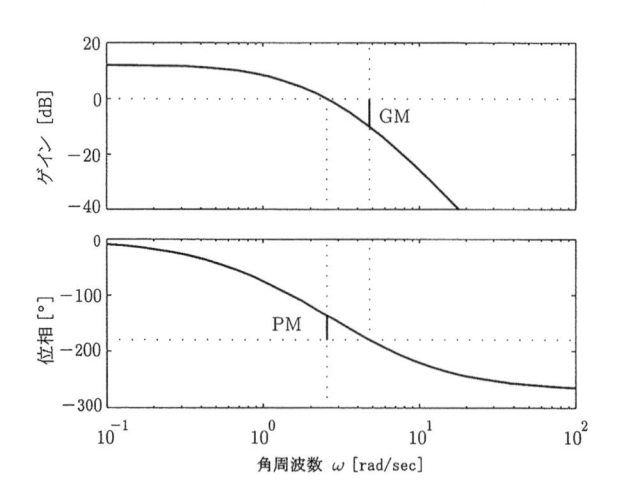

図 4.14 ボード線図におけるゲイン余裕 GM と位相余裕 PM

4.5 安定余裕

例題 次の一巡伝達関数を持つシステムのゲイン余裕，位相余裕を求めよ．

$$L(s) = \frac{100}{(s+1)(s+3)(s+5)}$$

（解答）周波数伝達関数 $L(j\omega)$ は，

$$L(j\omega) = 100 \frac{15 - 9\omega^2 - j\omega(23 - \omega^2)}{(15 - 9\omega^2)^2 + \omega^2(23 - \omega^2)^2}$$

であり，ナイキスト軌跡が実軸を通過するときの周波数 ω_{pc} は，

$$\omega_{pc} = 0, \sqrt{23}$$

である．ゲイン余裕は，$L(j\sqrt{23})$ を求めることにより得られ，

$$\begin{aligned} \text{GM} &= -20 \log_{10} \left| L(j\sqrt{23}) \right| \\ &= -20 \log_{10} \frac{100}{192} \\ &\approx 5.7 \end{aligned}$$

である．一方，$|L(j\omega)| = 1$ となる周波数 ω_{gc} は，

$$(15 - 9\omega^2)^2 + \omega^2(23 - \omega^2)^2 = 100^2$$

より求めることができる．ω^2 を α とおくと，

$$\alpha^3 + 35\alpha^2 + 259\alpha - 9775 = 0$$

となる．これは 3 次方程式であるので，数値的に解いて，

$$\alpha \approx -23.47 \pm 16.38j, \ 11.934$$

となる．したがって，ω_{gc} は α の実数解を使って，$\omega_{gc} = \sqrt{11.934}$ であり，位相余裕は，

$$\begin{aligned} \text{PM} &= 180° + \angle L(j\omega_{gc}) \\ &\approx 22.48° \end{aligned}$$

である.

例題 一巡伝達関数が次のように与えられるとき,閉ループ系が安定であるために K と T が満たすべき条件を求めてみよう.

$$L(s) = K\frac{e^{-Ts}}{s}$$

この周波数応答は

$$L(j\omega) = -\frac{K}{\omega}\sin T\omega - j\frac{K}{\omega}\cos T\omega$$

で与えられる.位相交差角周波数(位相遅れが $-\pi$ となる角周波数)を求めるために $\mathrm{Im}\{L(j\omega)\} = 0$ を解くと,$\omega > 0$ を満たす次の解を得る.

$$\omega_i = \frac{\pi}{2T} + (i-1)\frac{\pi}{T}, \quad i = 1, 2, \cdots$$

この開ループ系のゲイン $|L(j\omega)|$ は $\omega > 0$ の範囲で単調減少であるから,ナイキストの条件は一番小さな位相交差角周波数 ω_1 でゲインが 1 より小さいという条件になる.これは,

$$|L(j\omega)| < 1$$

であり,結局これは

$$K < \frac{\pi}{2T}$$

となる.

練習問題

4.1 次の特性多項式を持つ制御系の安定性を調べよ．
 (1) $s^5 + 2s^4 + 3s^3 + 4s^2 + 6s + 4 = 0$
 (2) $3s^4 + 6s^3 + 29s^2 + 10s + 8 = 0$
 (3) $s^3 + 2s^2 + 4s + 8 = 0$
 (4) $s^4 + s^3 + s^2 + 9s + 5 = 0$

4.2 次の特性多項式を持つ制御系が安定となる実数 K の値の範囲を求めよ．
 (1) $s^2 + Ks + 2K - 1 = 0$
 (2) $s^4 + 4s^3 + 3s^2 + Ks + 2 = 0$

4.3 次の一巡伝達関数を持つフィードバック系が安定であるための K の条件を求めよ．
 (1) $L(s) = \dfrac{K}{(s+1)(s+2)}$
 (2) $L(s) = \dfrac{K}{s(s+1)(s+5)}$

4.4 次の一巡伝達関数を持つフィードバック系の安定性をナイキスト線図により判別せよ．
 (1) $L(s) = \dfrac{s}{(1 - 0.2s)}$
 (2) $L(s) = \dfrac{50}{s(1 + 0.1s)(1 + 0.2s)}$

4.5 一巡伝達関数が
$$L(s) = \dfrac{2.5}{s(1 + 0.1s)(1 + 0.5s)}$$
であるフィードバック制御系のゲイン余裕，位相余裕を求めよ．

4.6 一巡伝達関数が
$$L(s) = \dfrac{K}{(1+s)(1+2s)(1+3s)}$$
であるフィードバック制御系のゲイン余裕が 20 dB となる K の値を求めよ．

5

フィードバック制御系の特性

　第1章で述べたように，制御系にはフィードフォワード制御，フィードバック制御，あるいはこれらを併用したものがあるが，本章ではフィードバック制御系の基本的な特性について学ぶ．DCサーボモーターを用いた角速度，あるいは角変位制御を例に説明を展開しているので，具体的なイメージを持ちながら読み進めるとよい．

5.1 フィードバックの働き

　本節では，まずフィードフォワード制御との対比によってフィードバック制御の主な働き（効果）について説明する．続いて，定常状態で制御量（角変位や角速度）が偏差なく目標値に追従するための条件などを詳細に検討する．

5.1.1 目標値追従と外乱除去

　DCサーボモーターの角速度を$\omega(t)$，印加電圧を$v(t)$，外乱トルクを$d(t)$とすると，動特性は次の微分方程式で表される．

$$T_a \frac{d\omega(t)}{dt} + \omega(t) = K_a\{v(t) + K_D d(t)\} \tag{5.1}$$

ここで，T_a, K_a, K_Dは慣性モーメント，トルク定数，内部抵抗などで決まる定数である．初期値を零として，これをラプラス変換すると次式を得る．

$$\Omega(s) = \frac{K_a}{T_a s + 1}\{V(s) + K_D D(s)\} \tag{5.2}$$

したがって，ブロック線図は図5.1のようになる．

5.1 フィードバックの働き

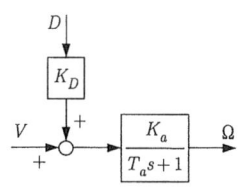

図 5.1 DC サーボモーターのブロック線図

さて，目標角速度 $r(t)$ に追従させることを考え，図 5.2 のフィードフォワード制御と図 5.3 のフィードバック制御を比較してみよう．

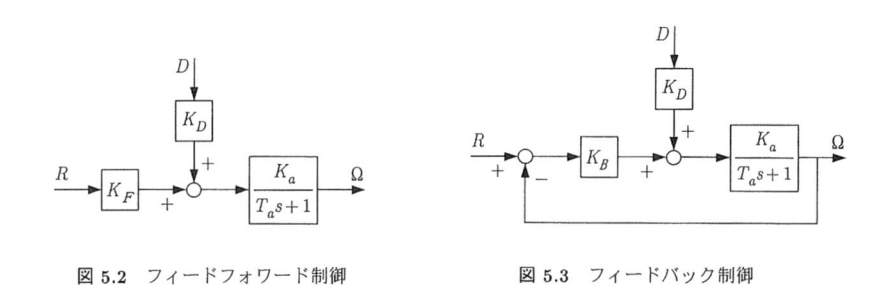

図 5.2 フィードフォワード制御

図 5.3 フィードバック制御

ここで K_F, K_B はいずれも定数である (このような制御を**比例制御**(proportional control) と呼ぶ[*1])．まず，外乱がない場合 ($D(s) = 0$) について考えると，ブロック線図の等価変換によって角速度はそれぞれ次のように表される．

$$\text{フィードフォワード：} \quad \Omega(s) = \frac{K_F K_a}{T_a s + 1} R(s) \triangleq T_F(s) R(s) \quad (5.3)$$

$$\text{フィードバック：} \quad \Omega(s) = \frac{K_B K_a}{T_a s + K_B K_a + 1} R(s) \triangleq T_B(s) R(s) \quad (5.4)$$

比例ゲイン K_F, K_B を変化させたときの，それぞれの伝達関数 $T_F(s), T_B(s)$ のゲイン曲線を図 5.4 に示す．このように，フィードフォワード制御では $K_F = 1/K_a$ のときに折点周波数以下の領域で 0 dB，つまり $\Omega(s) = R(s)$ をほぼ達成していることがわかる (図 5.4(a))．一方，フィードバック制御では，K_B を無限大に近づけることによって全周波数領域で 0 dB にすることができる．言

[*1)] 詳細は 6.1.2 項を参照すること．

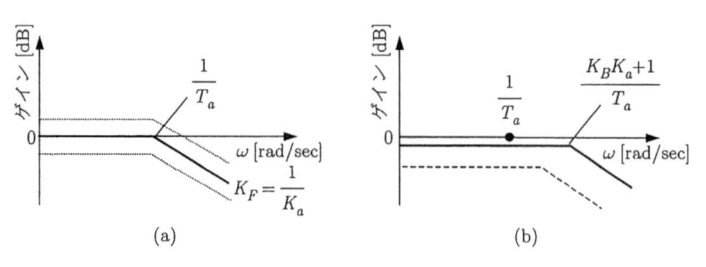

図 5.4 ゲイン曲線

い換えると，同じ比例制御でも，フィードバック制御では折点周波数を大きくすることができる．

さて，フィードフォワード制御において，全周波数領域で $\Omega(s) = R(s)$ を達成するためには，K_F の替わりに $(T_a s + 1)/K_a$ (制御対象の逆モデルと呼ぶ) を用いればよいことは容易にわかる．しかし，実際の制御対象のモデルには必ず不確かさが存在すること (制御対象の T_a や K_a が変化すること)，また，純粋な微分演算が不可能であることを考慮すると，このような制御は現実的ではない．

次に，反対に $R(s) = 0$ として，外乱 $D(s)$ の影響について比較してみよう．ブロック線図から，それぞれ次の関係を得る．

$$\text{フィードフォワード：} \quad \Omega(s) = \frac{K_D K_a}{T_a s + 1} D(s) \tag{5.5}$$

$$\text{フィードバック：} \quad \Omega(s) = \frac{K_D K_a}{T_a s + K_B K_a + 1} D(s) \tag{5.6}$$

ブロック線図からも明らかなように，フィードフォワード制御では基本的に外乱の影響をそのまま受け，K_F の変更によってこの特性に影響を与えることができない．一方，フィードバック制御では，式 (5.6) より，K_B を大きくすることで外乱から角速度への伝達関数のゲインを小さくすることができ，外乱の影響を小さくすることができる．

5.1.2 定 常 特 性

図 5.5 のブロック線図に示すフィードバック制御系を考えよう．$R(s)$ は，目標値とか参照入力と呼ばれ，制御対象 $P(s)$ の出力 $Y(s)$ (制御量と呼ばれる) が

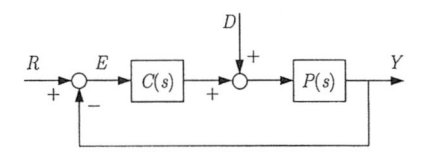

図 5.5 外乱のあるフィードバック制御系

追随すべき量である．これらの差 $E(s)$ は，偏差と呼ばれ，追随の良否を決める量である．参照入力 $R(s)$ および外乱 $D(s)$ がステップ関数，あるいはランプ関数である場合の**定常偏差**(steady-state error) について考えてみよう．ただし，$P(s)$ は制御対象を表し，$C(s)$ は制御器を表している．

ブロック線図の等価変換によって，偏差 $E(s)$ は次のように表される．

$$E(s) = \frac{1}{1+L(s)}R(s) - \frac{P(s)}{1+L(s)}D(s) \tag{5.7}$$

ここで，$L(s) = C(s)P(s)$，すなわち一巡伝達関数である．以下では，外乱 $D(s) = 0$ として定常偏差を考える (外乱による定常偏差に関しては練習問題を参照)．ラプラス変換の最終値の定理を用いると，充分時間が経過した後の偏差 $e(t)$ の値である定常偏差は次式で与えられる[*1)]．

$$e_s \triangleq \lim_{t\to\infty} e(t) = \lim_{s\to 0} sE(s) = \lim_{s\to 0} \frac{s}{1+L(s)}R(s) \tag{5.8}$$

これより，定常偏差は参照入力 $R(s)$ と一巡伝達関数 $L(s)$ によって一義的に決定されることがわかる．そこで，一巡伝達関数の一般的な形を次式で与え，参照入力がステップ関数，ランプ関数の場合について具体的に検討しよう．

$$L(s) = \frac{K \prod_l (T_l s + 1) \prod_k \left\{\left(\frac{s}{\omega_k}\right)^2 + 2\zeta_k \frac{s}{\omega_k} + 1\right\}}{s^N \prod_i (T_i s + 1) \prod_h \left\{\left(\frac{s}{\omega_h}\right)^2 + 2\zeta_h \frac{s}{\omega_h} + 1\right\}} \tag{5.9}$$

また，実際の制御系では，この伝達関数の分母次数は分子次数より大きいことに注意する．

[*1)] 付録 A.1.2 項 (6) を参照すること．

(1) 参照入力がステップ関数の場合

この場合の定常偏差は，**定常位置偏差**(steady-state position error) と呼ばれ，式 (5.8) において $R(s) = a/s$ として計算すると次のように与えられる．

$$e_{sp} \triangleq \lim_{s \to 0} \frac{s}{1+L(s)} \frac{a}{s} = \lim_{s \to 0} \frac{a}{1+L(s)} \tag{5.10}$$

ここで，

$$K_p \triangleq \lim_{s \to 0} L(s) \tag{5.11}$$

を定義して用いると，定常位置偏差は

$$e_{sp} = \frac{a}{1+K_p} \tag{5.12}$$

となる．このように，定常位置偏差が K_p の値によって決まるため，これを**位置偏差定数**(position-error constant) と呼ぶ．定常位置偏差が零となる必要十分条件は，明らかに $K_p = \infty$ であり，このことを式 (5.9) で考えると，$N \geq 1$ となる．すなわち，一巡伝達関数が原点に 1 個以上の極を持つとき，定常位置偏差は零となる．逆に，この条件を満たさないときには $(N = 0)$，式 (5.12) で表される有限な定常偏差を生じ，このような制御系を **0 型の制御系**という．

(2) 参照入力がランプ関数の場合

この場合の定常偏差は，**定常速度偏差**(steady-state velocity error) と呼ばれ，式 (5.8) において $R(s) = a/s^2$ として計算すると次のように与えられる．

$$e_{sv} \triangleq \lim_{s \to 0} \frac{s}{1+L(s)} \frac{a}{s^2} = \lim_{s \to 0} \frac{a}{sL(s)} \tag{5.13}$$

ここで，

$$K_v \triangleq \lim_{s \to 0} sL(s) \tag{5.14}$$

を定義して用いると，定常速度偏差は

$$e_{sv} = \frac{a}{K_v} \tag{5.15}$$

となり，K_v を**速度偏差定数**(velocity-error constant) と呼ぶ．定常速度偏差が零となる必要十分条件は $K_v = \infty$ であり，このことを再び式 (5.9) で考えると，

$N \geq 2$ となる.すなわち,一巡伝達関数が原点に 2 個以上の極を持つとき,定常速度偏差は零となる.$N = 1$ の場合には,K_v は零でない有限な値となるため,図 5.6 に示すように有限な定常偏差 e_{sv} を生じる.また,このような制御系を 1 型の制御系という.0 型の制御系の場合には,$K_v = 0$ となり,定常速度偏差は無限大となる.

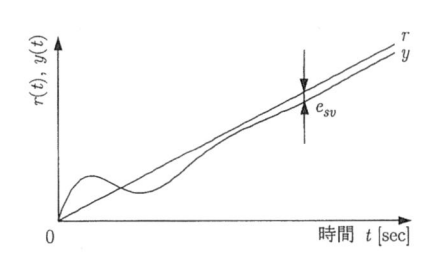

図 5.6 定常速度偏差

以上のことから容易に類推できるように,一巡伝達関数が原点に N 個の極を持つとき (積分器を N 個持つともいう),参照入力 $R(s) = a/s^n$, $n = 1, 2 \cdots, N$ に対して定常偏差なく追従する.これを N 型の制御系という.したがって,定常特性の観点からは,一巡伝達関数が原点に多くの極を持っていればよいことになるが,4.5 節の安定余裕を思い出すと,積分器は位相を 90°遅れさせるために位相余裕が小さくなり,安定性の劣化を招くおそれがあるので注意しなければならない.

前述の DC サーボモーターの角速度制御の場合,比例制御を用いると 0 型制御系となる.これを 1 型にするためには,比例制御の代わりに K_I/s で表される積分制御を行えばよい.このような制御器の詳細については,次章で述べる.

5.2 閉ループ伝達関数による性能評価

実際に制御システムに要求される設計仕様は,立ち上がり時間,行き過ぎ量など時間領域で与えられることが多い.したがって,時間領域での特性と周波数領域での特性の間の関係を知ることは,制御器設計にとって大変重要である.

安定性や定常特性に関しては，主に開ループ伝達関数に基づいて議論してきたが，ここでは閉ループ伝達関数の周波数特性による性能評価を考えよう．

DCサーボモーターを用いた制御系について再び考える．ただし，ここでは角速度ではなく角変位制御，すなわち位置決め制御とする．そこで，角速度 $\omega(t)$ を積分すれば角変位 $\theta(t)$ になること，すなわち次の関係式，

$$\theta(t) = \int_0^t \omega(\tau)d\tau \Rightarrow \Theta(s) = \frac{1}{s}\Omega(s) \tag{5.16}$$

を用いると，図5.3のブロック線図を修正した図5.7が得られる．制御器は，これまでと同様に比例制御とする．

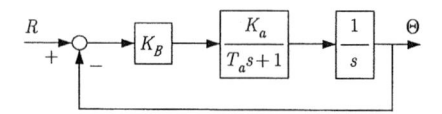

図 5.7 DC サーボモーターを用いた位置決め制御

このとき，閉ループ伝達関数は，ブロック線図の等価変換によって次のように得られる．

$$T(s) = \frac{K_B K_a}{T_a s^2 + s + K_B K_a} = \frac{\omega_n^2}{s^2 + 2\zeta\omega_n s + \omega_n^2} \tag{5.17}$$

ただし，

$$\omega_n = \sqrt{\frac{K_B K_a}{T_a}}, \quad \zeta = \frac{1}{2\sqrt{K_B K_a T_a}}$$

ここで，$T_a = 0.01$, $K_a = 10$ とし，比例制御ゲイン K_B を 50 と 100 にした場合のゲイン曲線および単位ステップ応答を，それぞれ図 5.8, 図 5.9 に示す．この閉ループ伝達関数のゲイン曲線は，典型的なサーボ系の周波数特性を表しており，低周波数帯域では 0 dB の一定値をとっているが，高周波数帯では次第にゲインが下がっている．大雑把にいうと，サーボ系ではできる限り高い周波数帯まで 0 dB であることが望ましく，この観点から，ゲインが下がり始める周波数を1つの性能評価として用いる．厳密には，-3 dB になる周波数を

バンド幅(bandwidth) と呼んでいる（図 5.8 に ω_{bw} で示す）．

この例では，$K_B = 100$ の方がバンド幅は大きく，高い周波数の参照入力（つまり，速い変化をする目標値）に追従できることを意味している．したがって，バンド幅は速応性の尺度として用いることができる．たとえば，ステップ入力は不連続入力であり，大きさの変化が非常に速いことを考えると，一般的にバンド幅が大きい方がステップ応答における立ち上がり時間が短いことが予想できる．実際，図 5.9 では $K_B = 100$ の場合の方が立ち上がり時間が短くなって

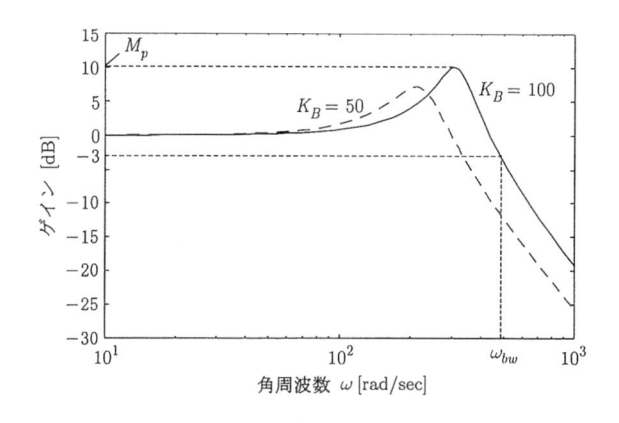

図 5.8 ゲイン曲線 (バンド幅と M_p 値)

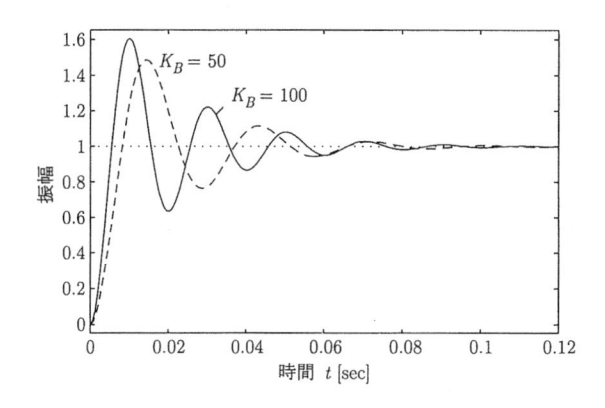

図 5.9 単位ステップ応答

図 5.8 に示す M_p はピークゲイン (**共振ピーク**) と呼ばれ，安定性の尺度として用いられる．この例は 2 次遅れ系なので，式 (5.17) より，K_B を大きくすると減衰係数 ζ が小さくなり (したがって M_p が大きくなり)，安定性が低下することは容易にわかる．一般の制御系においても，M_p が大きく特定の周波数帯の入力を大きく増幅してしまう制御系は，安定性が悪く，図 5.9 に示すような大振幅の振動現象を起こす．サーボ系では，経験的に $M_p = 1.1 \sim 1.5$ が適当とされている．

5.3 ロバスト性と制御の働き

これまでは制御対象を伝達関数モデルで表し，このモデルが真に制御対象を表しているように扱ってきた．しかし，現実の世界には様々な不確かさが存在し，制御対象のモデルにも不確かさが伴うことに注意しなければならない．したがって，モデルの不確かさが存在しても，安定性や速応性など制御系の性能が頑強に維持されている必要がある．この頑強性を**ロバスト性**(robustness) といい，近年，制御器設計の際にロバスト性を定量的に保証する設計論が確立されている．この節では，特に**ロバスト安定性**(robust stability) について概説し，その他のロバスト性に関しては次章で検討する．

5.3.1 モデルの不確かさ

DC サーボモーターを用いた制御系および自動車のサスペンションを例に，モデルの不確かさについて考える．

[DC サーボモーターを用いた位置決め制御の例]

この制御対象のモデルは，すでに式 (5.1)，(5.16) で与えたが，ここでは時定数とゲイン定数を式 (5.18) のように物理パラメータで表した，より詳細なモデルを考える．ただし，以下では外乱を考慮しない．

$$T_a = \frac{RJ}{K_v K_t}, \quad K_a = \frac{1}{K_v} \tag{5.18}$$

5.3 ロバスト性と制御の働き

各パラメータは，それぞれ R：内部抵抗，J：慣性モーメント，K_v：逆起電力定数，K_t：トルク定数である．さて，慣性モーメントはモーター軸に連結される負荷によって，その値がしばしば変動する．このとき，式 (5.18) から明らかなように，時定数 T_a は慣性モーメントに比例して変動する．そこで，$K_a = 10$ とし，$T_a = 0.01$ と 0.03 の 2 通りの場合について制御対象のベクトル軌跡を描くと，図 5.10 のようになる．

ブロック線図 5.7 のように，$K_B = 50$ の比例制御を行った場合のステップ応答を図 5.11 に示す．このように，$T_a = 0.01$ の場合に比べて，$T_a = 0.03$ にパラメータが変動した場合には，立ち上がり時間が長く (速応性が悪く)，行き過

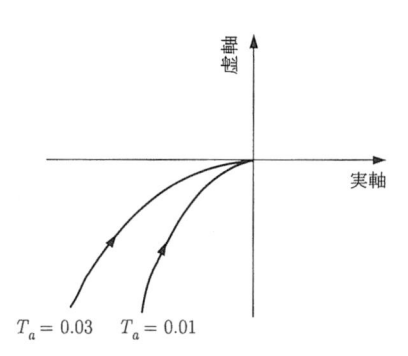

図 5.10 DC サーボモーターのベクトル軌跡の変動

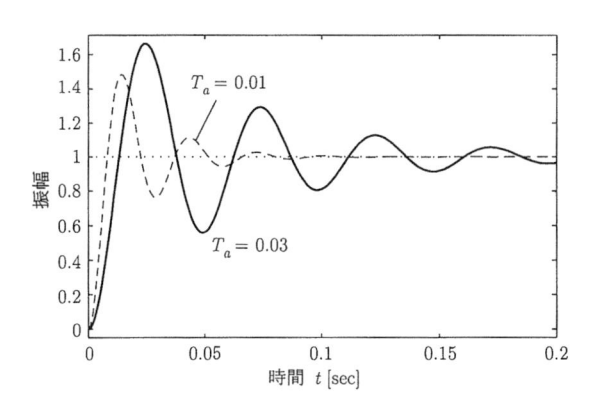

図 5.11 単位ステップ応答

ぎ量も大きい (安定性が悪い) ことがわかる.

[自動車のサスペンションの例]

　自動車のサスペンションの 1/4 車体モデルを図 5.12 に示す. (a) は 1 自由度モデルを表し, k_1 はサスペンション部のばね定数, $f(t)$ は油圧シリンダなどによる制御力である. 1 自由度モデルでは, サスペンションの下に存在するタイヤの質量やその弾性などを無視した簡易モデルである. 一方, (b) は 2 自由度モデルであり, タイヤを粘弾性材と見なしたもので, その弾性係数と粘性係数をそれぞれ k_2, c で表している. 路面変位入力を $d(t)$ とし, 車体変位出力を $y(t)$ とすると, それぞれのモデルの伝達関数は次のように表される ($f(t) = 0$ とする).

$$P_1(s) = \frac{k_1}{m_1 s^2 + k_1} \tag{5.19}$$

$$P_2(s) = \frac{k_1(cs + k_2)}{(m_1 s^2 + k_1)(m_2 s^2 + cs + k_2)} \tag{5.20}$$

　図 5.13 は, これらの伝達関数のゲイン曲線を表しており, 1 自由度モデルで無視したタイヤの部分が, 2 自由度モデルでは高周波数帯での共振現象として表されている. したがって, 1 自由度モデルを用いてアクティブサスペンションなどの設計をした場合, 高周波数の共振現象を引き起こすかもしれない. ま

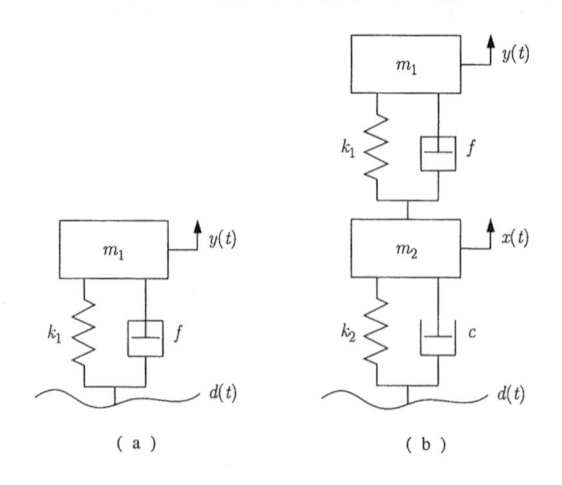

図 5.12　サスペンションモデル

5.3 ロバスト性と制御の働き

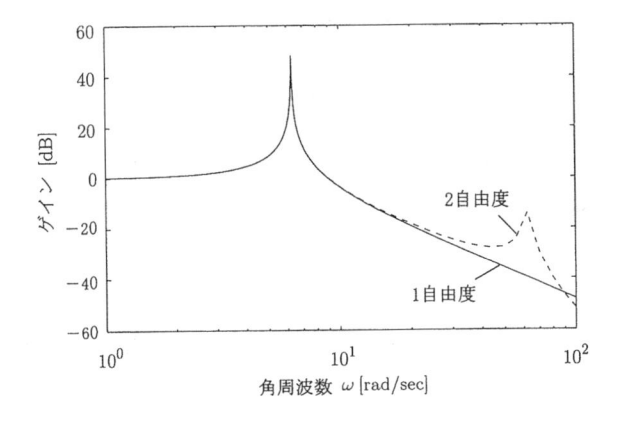

図 5.13 ゲイン曲線

た，現実には，タイヤ部の特性を表す k_2 と c の推定も容易ではなく，たとえ2自由度モデルを用いたとしても高周波数帯域の特性に不確かさを伴うことになる．

5.3.2 不確かさの記述

前項で示したように，制御器設計に用いる制御対象のモデルには不確かさを伴うため，この不確かさを定量的にあらかじめ推定しておき，これを設計にいかすことが有効である．そこで，まず基準となるモデル (**公称モデル**，あるいは**ノミナルモデル**という) を決め，これと実際の動特性の違いを周波数領域で記述する方法について考えよう．

[1 次遅れ要素のパラメータ変動の例]

次式のように，ゲイン定数と時定数が変動する1次遅れ要素を考える．

$$P(s) = \frac{K}{Ts+1}, \quad 0.1 \leq T \leq 0.9, \quad 4 \leq K \leq 6 \tag{5.21}$$

いま，T の公称値を変動の中心である 0.5 とし，これを用いて T の集合を表す方法を考えよう．まず，公称値 0.5 の相対誤差 ε_1 を次のように定義する．

$$\varepsilon_1 \triangleq \frac{T - 0.5}{0.5} = \frac{T}{0.5} - 1 \tag{5.22}$$

したがって，T は公称値 0.5 と相対誤差 ε_1 を用いて，

$$T = 0.5(1 + \varepsilon_1) \tag{5.23}$$

で表すことができる．T は $0.1 \leq T \leq 0.9$ で変動するので，式 (5.22) より，相対誤差の取り得る値は次の不等式で与えられる．

$$|\varepsilon_1| \leq 0.8 \tag{5.24}$$

このように，式 (5.23),(5.24) を用いて，変動する T の集合を表すことができる．ここではさらに，相対誤差 ε_1 の替わりに，これを正規化した次の Δ_1 を用いた表現に変換してみよう．

$$\Delta_1 \triangleq \frac{1}{0.8}\varepsilon_1 \tag{5.25}$$

式 (5.23)，(5.24) にこれを持ち込むと，次の表現を得る．

$$T = 0.5(1 + 0.8\Delta_1), \quad |\Delta_1| \leq 1 \tag{5.26}$$

同様に，ゲイン定数 K に関しても，公称値を 5 として，その正規化した相対誤差 Δ_2 を用いると次の表現を得る．

$$K = 5(1 + 0.2\Delta_2), \quad |\Delta_2| \leq 1 \tag{5.27}$$

図 5.14 には，Δ_1 と Δ_2 を変動させたときの，$P(j\omega)$ のベクトル軌跡とゲイン曲線がいくつか描かれている．

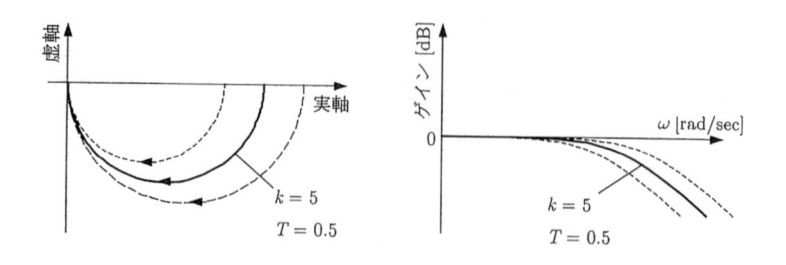

図 5.14 不確かさを持つ制御系の周波数特性

5.3 ロバスト性と制御の働き

上の例のように，モデルに不確かさが存在する場合，考えられるモデルの集合は，周波数特性図 (ベクトル軌跡，ボード線図) 上で帯をなす．この帯は公称モデルの周辺に分布し，その幅が不確かさを表している．また，この不確かさが一般に周波数によって異なることを考慮する必要がある．上の例では，変動するパラメータ集合を，公称値と正規化された相対誤差を用いて表現したが，この考えを周波数特性に拡張し，次のモデル集合を考える．

$$\tilde{P}(s) = P(s)\left(1 + \Delta(s)W(s)\right), \quad |\Delta(j\omega)| \leq 1, \quad \forall \omega \qquad (5.28)$$

ここで，$P(s)$ は公称モデルを表し，$\Delta(j\omega)$ は公称モデルの正規化された相対誤差であり，全周波数でゲインが1以下の安定な伝達関数の集合とする．一方，$W(s)$ は固定された1つの安定な伝達関数であり，そのゲイン $|W(j\omega)|$ が周波数に依存した不確かさの輪郭を表している．この意味で，$W(s)$ を**不確かさの重み関数**と呼ぶ．式 (5.28) は，図 5.15 に示すブロック線図で表現することができ，**乗法的不確かさ**(multiplicative uncertainty) の表現，あるいは**乗法的摂動**(multiplicative pertubation) モデルと呼ばれる．さて，式 (5.28) は，ベク

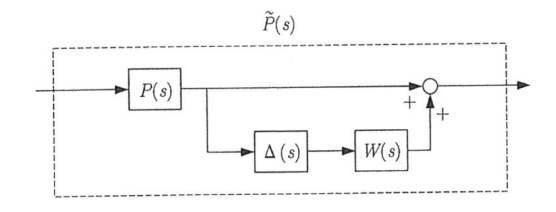

図 5.15 乗法的摂動モデル

トル軌跡上で次のように幾何学的に容易に解釈できる．まず，式 (5.28) を次のように変形して，次に $s = j\omega$ を代入して両辺の絶対値をとる．

$$\tilde{P}(s) - P(s) = \Delta(s)W(s)P(s) \qquad (5.29)$$

$$\left|\tilde{P}(j\omega) - P(j\omega)\right| = |\Delta(j\omega)W(j\omega)P(j\omega)|$$
$$= |W(j\omega)P(j\omega)||\Delta(j\omega)| \qquad (5.30)$$

さらに，$|\Delta(j\omega)| \leq 1, \forall \omega$ であるから，次の不等式が成り立つ．

$$\left|\tilde{P}(j\omega) - P(j\omega)\right| \leq |W(j\omega)P(j\omega)|, \quad \forall \omega \tag{5.31}$$

したがって図 5.16 に示すように，ω を固定してこの式を複素平面上で考えると，$\tilde{P}(j\omega)$ は，点 $P(j\omega)$ を中心に半径 $|W(j\omega)P(j\omega)|$ の円の内部に必ず存在していることになる．この意味で，式 (5.28) は，**円盤型の不確かさ**(disk uncertainty) の表現ともいう．

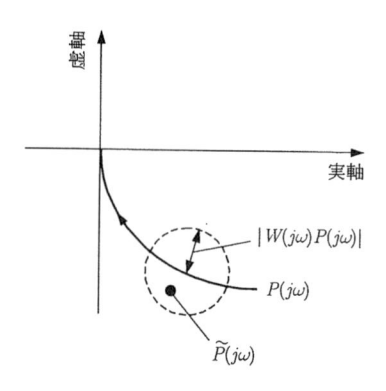

図 5.16　円盤型の不確かさ

[不確かさの記述の例]

公称モデルを次の 1 次遅れとし，

$$P(s) = \frac{1}{s+1} \tag{5.32}$$

実際の制御対象は，次の 2 次遅れであるとする．

$$\tilde{P}(s) = \frac{1}{(s+1)(\tau s+1)}, \quad \tau \leq 0.1 \tag{5.33}$$

式 (5.31) より，

$$\left|\frac{\tilde{P}(j\omega)}{P(j\omega)} - 1\right| \leq W(j\omega), \quad \forall \omega \tag{5.34}$$

を満たす $W(s)$ を見つければよいので，式 (5.32) と式 (5.33) をこれに代入すると次式を得る．

5.3 ロバスト性と制御の働き

$$\left|\frac{\tau\omega j}{\tau\omega j+1}\right| \leq W(j\omega), \quad \forall\omega, \quad \tau \leq 0.1 \tag{5.35}$$

左辺のゲイン曲線群を描くと，図 5.17 のようになる．この図より，$W(s) = 0.1s/(0.1s+1)$ とすればよいことがわかる．また，このときの不確かさを円盤表現としてベクトル軌跡上に描くと，図 5.18 のようになる．

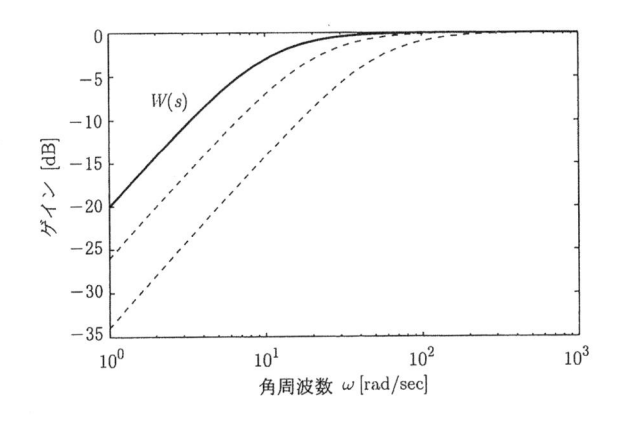

図 5.17 不確かさの重み

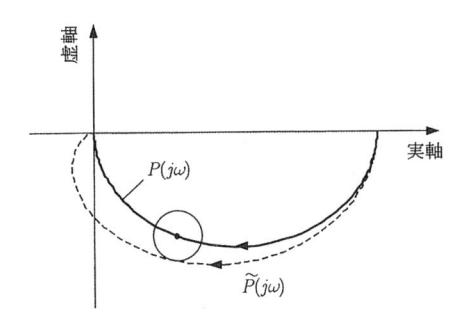

図 5.18 不確かさの円盤表現

上の例のように，現実に相対誤差が高周波帯域で大きくなることが多いため，$W(s)$ はハイパス特性をもつ近似微分要素がしばしば用いられる．ただし，上の

例では相対誤差の上界を，$W(s)$ で過不足なく表現しているが，現実には実際に生じる変動以外も含むことになり，保守的になる場合も多い (練習問題参照).

5.3.3 スモールゲイン定理

ここでは，乗法的不確かさの表現である式 (5.28) に基づいたロバスト安定性について検討する．すなわち，図 5.19 に示すフィードバック制御系を考え，公称モデル $P(s)$ と不確かさの輪郭を与える $W(s)$ が与えられたとき，$|\Delta(j\omega)| \leq 1, \forall \omega$ を満たすいかなる $\Delta(s)$ に対しても，安定性を保証する制御器 $C(s)$ が満たすべき条件を考える．

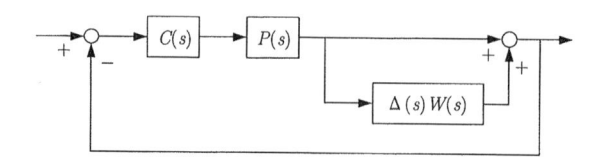

図 5.19 乗法的不確かさのあるフィードバック制御系

ナイキストの安定判別法を応用するために，不確かさを伴った一巡伝達関数の集合 $\tilde{L}(s)$ を考えると，次のようになる．

$$\tilde{L}(s) = C(s)\tilde{P}(s) = (1 + \Delta(s)W(s))C(s)P(s)$$
$$= (1 + \Delta(s)W(s))L(s) \tag{5.36}$$

ここで，$L(s) = C(s)P(s)$，すなわち $L(s)$ は公称一巡伝達関数である．この式は，式 (5.28) と同様に，複素平面上で不確かさを円盤で表現していると解釈できる (図 5.20).

さて，簡単のため，$\tilde{L}(s)$ は虚軸上を含めて不安定な極を持たないと仮定すると，ナイキストの安定判別法によれば，図 5.20 に示したベクトル軌跡の帯が点 $(-1, 0)$ を左に見て通過すれば安定である．したがって，次の**ロバスト安定条件**(robust stability condition) を得る．

$$|W(j\omega)L(j\omega)| < |1 + L(j\omega)|, \quad \forall \omega$$
$$\Leftrightarrow \left|\frac{W(j\omega)L(j\omega)}{1 + L(j\omega)}\right| < 1, \quad \forall \omega \tag{5.37}$$

さらに，$L(s)/(1+L(s))$ は公称の閉ループ伝達関数であるから，これを $T(s)$ で表すことにすると，上記の条件は次のように書き換えられる．

$$|W(j\omega)T(j\omega)| < 1, \quad \forall \omega$$
$$\Leftrightarrow |T(j\omega)| < \frac{1}{|W(j\omega)|}, \quad \forall \omega \tag{5.38}$$

$|W(j\omega)|$ が不確かさの上界を与えていることに注意すると，このロバスト安定条件は，不確かさが大きい周波数帯域では公称の閉ループ伝達関数のゲインを大きくしてはいけない，という，直感的にわかりやすく，かつ重要な設計指針を与えている．

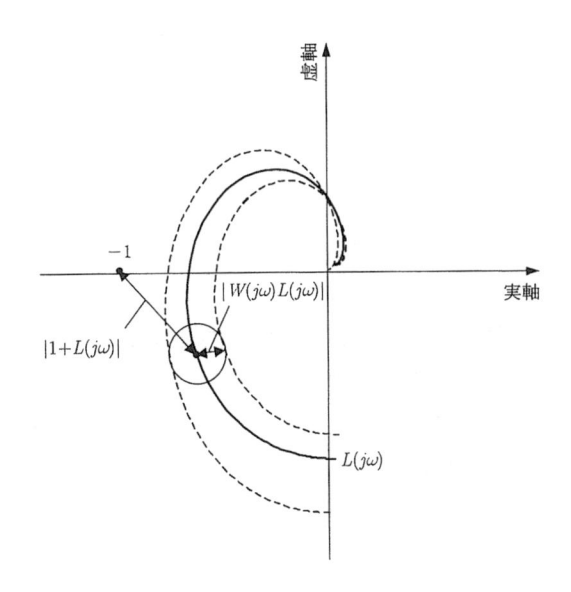

図 5.20 ロバスト安定条件

さて，図 5.19 は等価変換によって図 5.21 のように書き換えられる．この図でロバスト安定条件を解釈すると，2 つの安定な要素，$T(s)W(s)$ と $\Delta(s)$ のフィードバック結合からなるシステムの安定条件が，次式で与えられることになる．

$$|T(j\omega)W(j\omega)| < 1, \quad |\Delta(j\omega)| \leq 1, \quad \forall \omega \tag{5.39}$$

すなわち，これら2つの要素の前後で信号が増幅されないことを要求している．これは，十分条件ではあるが必要条件ではないように思われるかもしれないが，ゲインが1以下の（安定な）あらゆる伝達関数 $\Delta(s)$ の集合を考えているため，必要条件でもある．フィードバック結合系の安定性に関するこのような考え方は，**スモールゲイン定理**(small gain theorem) と呼ばれ，線形システムに限らず非線形システムにおいても重要な手法としてしばしば用いられる．

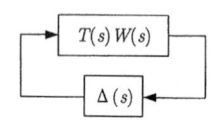

図 5.21 安定要素のフィードバック結合系

練習問題

5.1 図 5.2 のフィードフォワード制御において，$K_F = 1/K_a$ とし，目標角速度を一定とする．いま，制御対象のゲイン K_a が $K_a + \delta K_a$ に変動したとき，出力 $\omega(t)$ は定常状態でどれだけ変動するか？また，図 5.3 のフィードバック制御に関しても同様の計算を行い，フィードバック制御の方が制御対象のパラメータ変動に対してもロバストであることを確かめよ．

5.2 以下の一巡伝達関数をもつ単一フィードバック系に関して，位置偏差定数 K_p，速度偏差定数 K_v を求めよ．

(1) $L(s) = \dfrac{8}{s^2 + 7s + 10}$

(2) $L(s) = \dfrac{2s + 1}{s^2 + s + 7}$

(3) $L(s) = \dfrac{5s + 3}{s^2 + 12s}$

(4) $L(s) = \dfrac{s + 1}{s^3 + 3s^2}$

5.3 図 5.5 に示す制御系の外乱による定常偏差に関する以下の問に答えよ．

(1) ステップ関数およびランプ関数状の外乱に対して，定常偏差を生じない条件をそれぞれ求めよ．

(2) 外乱が周波数 ω_0 の正弦波のとき,制御器が $\pm j\omega_0$ を極に持っていれば定常偏差がないことを示せ.

5.4 ゲイン交差周波数 ω_{gc} とバンド幅 ω_{bw} に関して,次に示す関係がしばしば用いられる.

$$\omega_{gc} \leq \omega_{bw} \leq 2\omega_{gc}$$

図 5.22 に示す制御系の ω_{gc} および ω_{bw} を求め,この関係が満たされていることを確かめよ (ただし,$0 \leq \zeta \leq 1$ とする).

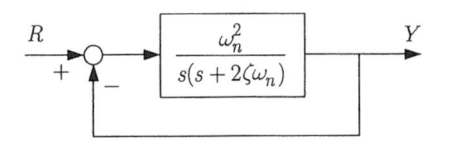

```
      R   +  ┌─────────────┐   Y
    ──→○───→│   ω_n²      │──→
        ↑ - │ ──────────  │
        │   │ s(s+2ζω_n)  │
        │   └─────────────┘
        └──────────────────┘
```

図 **5.22** 2次フィードバック系

5.5 ノミナルモデル $P(s)$ とその変動モデル $\tilde{P}(s)$ が,それぞれ次のように与えられるとき,乗法的摂動モデルを求めよ.

$$P(s) = \frac{1}{s+1}, \quad \tilde{P}(s) = e^{-Ls}\frac{1}{s+1}, \quad 0 \leq L \leq 0.1$$

6

コントローラの設計

本章では,古典制御において用いられてきた根軌跡法による過渡応答特性の改善を目指した制御系設計方法,そして,周波数応答特性に基づいた制御系の設計手法である PID コントローラおよび位相進み,位相遅れ補償によるコントローラの設計方法について解説する.さらに,ループ整形に基づくコントローラの設計コンセプトとシステムを安定化できるコントローラは唯一ではなく,集合として表現できることを解説する.

6.1 時間領域におけるコントローラの設計

制御系の設計は過渡応答 (立ち上がり時間,整定時間,オーバーシュートなど),定常応答などの時間領域での仕様をもとに設計される.特に,過渡応答の挙動は複素平面上において,システムの極に依存する.そこで,古典制御に基づく根軌跡法および PID 制御法について述べる.

6.1.1 根 軌 跡

制御系の安定性および過渡特性は,複素平面上における閉ループ伝達関数の極の配置に依存する.すなわち,閉ループ系の特性方程式 $1 + L(s) = 0$ の根がわかればよい.そこで,フィードバック制御系の一巡伝達関数において,比例ゲインを変化させ,閉ループ極の図式的な軌跡から過渡応答特性を調べる方法を**根軌跡**(root locus) という.特性根の複素平面上の配置と過渡応答特性との関係については,すでに 3.2 節で述べた.ここで,図 6.1 のフィードバック系を考える.$P(s)$ は制御対象,K は定数ゲインのコントローラである.図の閉

ループ系の伝達関数は

$$\frac{KP(s)}{1+KP(s)} \tag{6.1}$$

と記述でき，その極は次の特性方程式で求められる．

$$1 + KP(s) = 0 \tag{6.2}$$

根軌跡は式 (6.2) において，K をパラメータとして 0 から ∞ まで変化させたときに極の位置が複素平面上にプロットされたものであり，プロットされた軌跡より過渡応答特性を推測することになる．なお，慣例的に $P(s)$ の極を × 印，零点を ◦ 印で表し，K の増加方向に矢印を付ける場合が多い．実際には次数が高いほど特性方程式を解くことは容易ではないが，制御系設計 CAD ソフトを用いることで簡単に解くことができる．

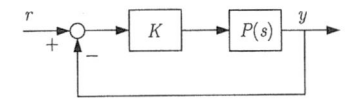

図 6.1 フィードバック制御系

例題 図 6.1 において制御対象 $P(s)$

$$\frac{1}{s(s+4)}$$

を考える．このとき，特性方程式は式 (6.2) より

$$s^2 + 4s + K = 0$$

となる．根軌跡は $K = 0$ のとき $s = -4, 0$，$0 < K < 4$ のとき $s = -2 \pm \sqrt{4-K}$，$K = 4$ のとき $s = -2$ (重根)，$K > 4$ のとき $s = -2 \pm \sqrt{K-4}j$ である．図 6.2 に根軌跡を示す．図より定数ゲイン K の増加に伴い極の虚部も増加するがシステムの閉ループ系は安定である．例題は 2 次系なので簡単に計算できるが，高次のシステムに対しては解析的に求めることは困難である．そのため，根軌跡の基本的な理解は十分大切であるが，

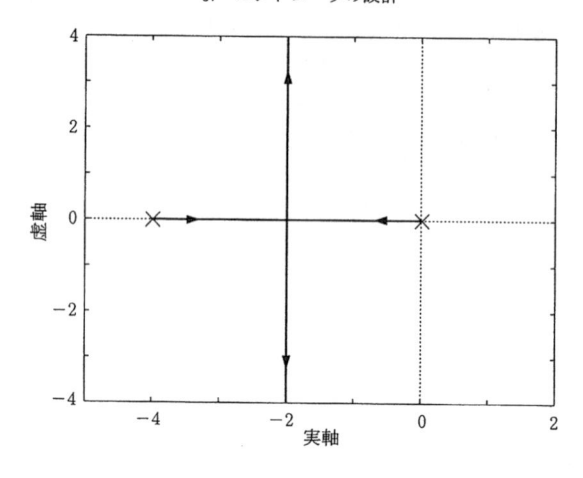

図 6.2 $1/\{s(s+4)\}$ の根軌跡

ソフトウェアを用いることでシステムの特性に関する理解が早められる.

6.1.2 PID コントローラ

本節では，実用的かつ実際の現場で広く用いられている **PID コントローラ**(PID controller) について説明をする. PID による制御は主に比較的応答の遅いプロセス系，つまり圧力，温度，流量などを一定に保つ必要があるシステムに適用される定置制御である. コントローラの挿入位置としては，図 6.1 の定数ゲインのところを置き換えて図 6.3 の直列補償フィードバック制御系を考える. この図のコントローラの部分を詳細に記述すると図 6.4 となり，PID コントローラは線形結合による出力であることがわかる. コントローラの目的は過渡応答特性および定常偏差の改善を意図しており，PID コントローラは図 6.4 に示すように，偏差に対して比例 (proportional)，積分 (integral)，微分 (derivative) 要素で構成された操作量であり，各頭文字をとって PID 制御という. PID は 3 要素から構成されているが，前節の根軌跡で示した定数ゲインコントローラは P 補償 (P compensation) という. しかし，制御対象に積分が含まれていなければ定常偏差などを零に収束できず，また定数ゲインだけを大きくしすぎると系を不安定化させる原因にもなり，実際の場合，P 補償だけでは望ましい極や

6.1 時間領域におけるコントローラの設計

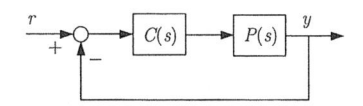

図 6.3 直列補償フィードバック制御系

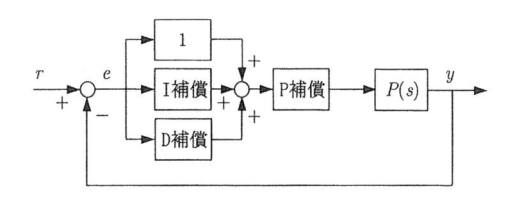

図 6.4 PID コントローラを持つ制御系

零点を配置して過渡応答特性や定常特性を改善できない．また，遅れ要素つまり分母に s の要素が多数加わった形のシステムほど遅れやすく不安定になりやすい．そのための対処方法としては逆に分子に s の要素つまり微分特性を加えるなどして動特性を改善させる必要がある．そこで，P 補償器に積分補償や微分補償を組み合わせて，PI コントローラ，PD コントローラおよび PID コントローラを設計することになる．以下に PID コントローラについて説明する．

PID コントローラ

図 6.3 においてコントローラを

$$C(s) = K_p \left(1 + \frac{1}{T_I s} + T_D s\right) \tag{6.3}$$

と置いた場合を PID コントローラという．PID は定常状態と過渡応答特性の両方を改善するための補償器であり，現在，プロセス制御などの定値制御に用いられ多義にわたり応用されている．ボード線図を図 6.5 に示す．

PID の調整法

PID 補償は式 (6.3) に示したように3つのパラメータ K_P，T_I，T_D を設計仕様にあわせ調整する必要がある．ここでは，調整法の1つであるジーグラー・ニコルス (Ziegler–Nichols) の**限界感度法**(ultimate sensitivity method) によるパラメータ調整法を考える．プロセス系の制御対象は特性が非常に複雑で正確に伝達関数を求めることが困難である．そこで，システムのステップ応答から

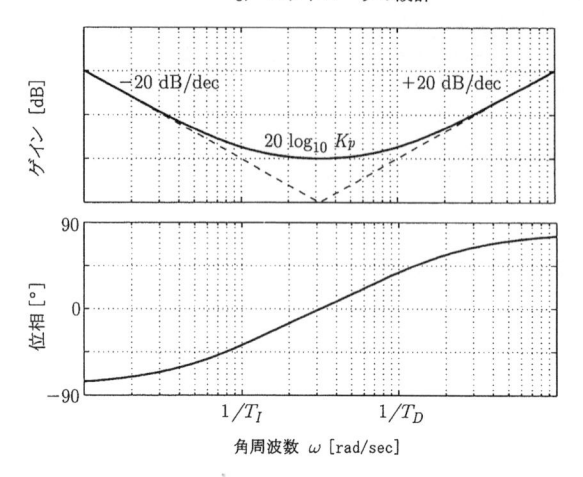

図 6.5 PID コントローラのボード線図

むだ時間要素を用いてシステムの伝達関数を近似することが行われる．つまり

$$P(s) = \frac{Ke^{-Ls}}{1+Ts} \tag{6.4}$$

または

$$P(s) = \frac{e^{-Ls}}{Ts} \tag{6.5}$$

と近似される．PID 調整器の比例動作 P のみ (式 (6.3) において $T_I = \infty$, $T_D = 0$) にして，そのゲインを上げていくと制御系は振動的になりやがて持続的振動になる．これは制御系が安定限界にあることを示しており，このときの K_p を限界感度といい，この値を K_c としたときの持続振動の周期を T_c とすれば PID の調整パラメータは表 6.1 により決定される．パラメータ K_c, T_c の値は，ボード線図上で求めることができる．つまり，ゲイン余裕 GM，そのときの位相交差周波数 ω_{pc} とすれば

$$20\log_{10} K_c = \text{GM} \tag{6.6}$$

$$T_c = 2\pi/\omega_{pc} \tag{6.7}$$

により得られる．また，根軌跡における虚軸との交点からも調整パラメータ K_c,

6.1 時間領域におけるコントローラの設計

表 6.1 ジーグラー・ニコルスの限界感度法

コントローラ	K_p	T_I	T_D
P	$0.5K_c$	∞	0
PI	$0.45K_c$	$0.83T_c$	0
PID	$0.6K_c$	$0.5T_c$	$0.125T_c$

T_c を見いだすことができる．

例題 次の制御対象 $P(s)$ を持つフィードバック制御系を考える．

$$P(s) = \frac{400}{s(s^2 + 35s + 250)} \quad (6.8)$$

コントローラを $C(s) = 1$ とした場合，このシステムの特性は

閉ループ極: $-25.96 \quad -6.75 \quad -2.28$

ゲイン余裕: GM= 26.8 dB ($\omega_{pc} = 15.8$ rad/sec)

位相余裕 : PM= 77.4° ($\omega_{gc} = 1.58$ rad/sec)

でありオーバーシュートのないシステムである．根軌跡を求めると図6.6とな

$K_c = 21.9$ and $T_c = 0.4$ ($\omega_{pc} = 15.8$)

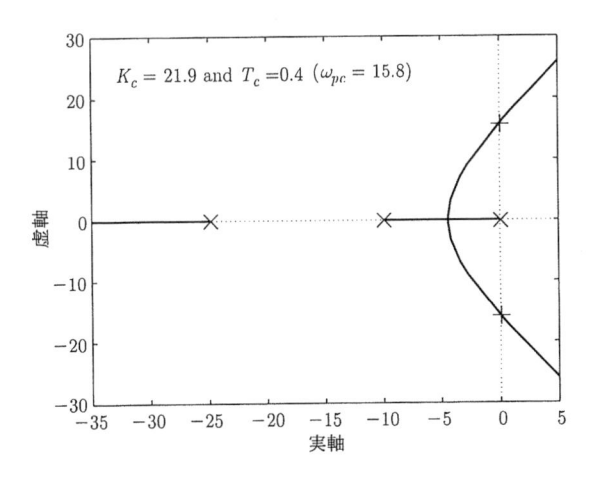

図 6.6 根軌跡プロット

り，虚軸との交点から $K_c = 21.9$, $T_c = 0.4$ を求めることができる．ジーグラー・ニコルスの限界感度法を用いて式 (6.3) の PID のパラメータを調整すれば，$K_p = 13.1$, $T_I = 0.2$, $T_D = 0.05$ が求められる．具体的に PID コントローラは

$$C(s) = 13.1\left(1 + \frac{1}{0.2s} + 0.05s\right) \tag{6.9}$$

となり，図 6.7 に PID 補償後と補償前（$C(s) = 1$）の一巡伝達関数のボード

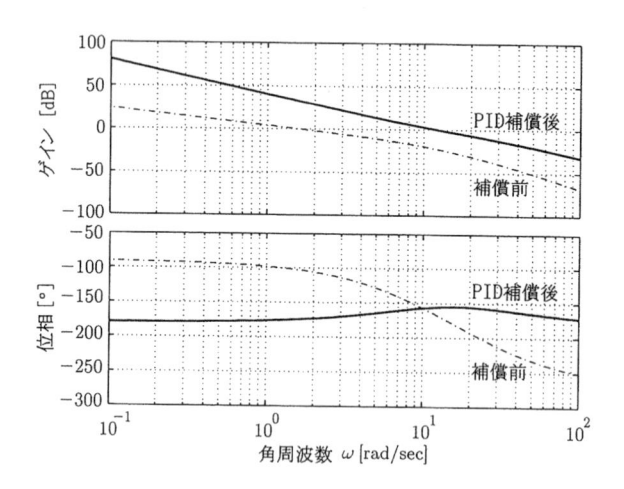

図 6.7 一巡伝達関数

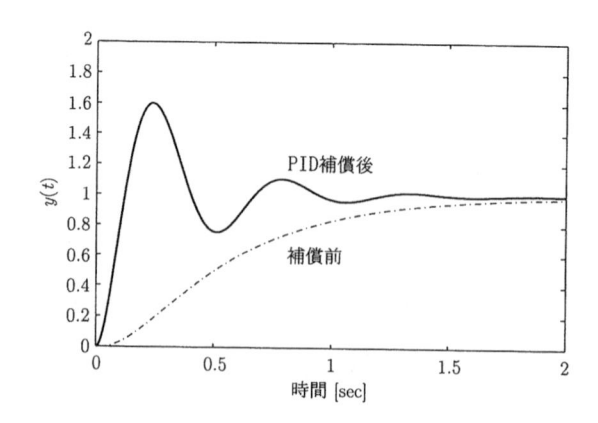

図 6.8 ステップ応答

線図を示す．また，図 6.8 に補償前および補償後のステップ応答を示す．補償後の位相余裕は PM= 24.3° ($\omega_{gc} = 12.2$ rad/sec) であり，オーバーシュート 60%，整定時間 1.16 sec となる．

6.2 周波数領域におけるコントローラの設計

開ループ伝達関数すなわち一巡伝達関数のゲイン特性および位相特性を，位相進み要素や位相遅れ要素を組み込んだ補償器を適切に調整することにより望ましい応答特性を得る手法を，いわゆる古典的なループ整形法と呼ぶ．ループ整形法の設計目的としては定常特性と過渡応答特性の改善であるがその場合の設計指針は次の点があげられる．

定常特性：低周波数領域において開ループゲインを大きくとる．

過渡特性：速応性に関してはゲイン交差周波数を大きくとる．安定性および減衰性についてはゲイン交差周波数における位相余裕を大きくとる．

6.2.1 位相進み・位相遅れ補償

直列補償のブロック線図は図 6.3 に示したが，ここでは，**位相進み補償**(phase lead compensation) および**位相遅れ補償**(phase lag compensation) について解説する．なお，本説では説明を省くが，前節で説明した PID コントローラに対応した定常特性と速応性を同時に改善を図る位相進み遅れ補償がある．

(1) 位相進み補償

図 6.3 において，位相進み要素は

$$C(s) = \frac{1 + aTs}{1 + Ts}, \qquad a > 1 \tag{6.10}$$

と置けばよく，比例要素と微分要素からなる PD コントローラに対応している．このボード線図を図 6.9 に示す．図より折れ点周波数は $1/(aT)$，$1/T$ であり ω_m はそれらの中間の周波数で，ϕ_m は位相進み量の最大値を示す．途中の導出については省略するが次の関係式が得られる．

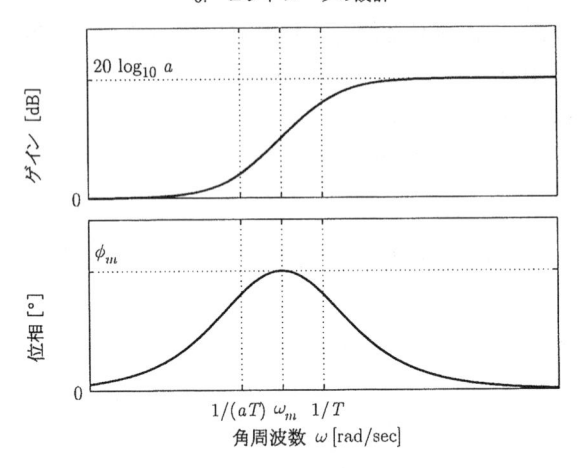

図 6.9 位相進み補償

$$\omega_m = \frac{1}{T\sqrt{a}} \tag{6.11}$$

$$\sin\phi_m = \frac{a-1}{a+1} \tag{6.12}$$

位相進み補償は速応性，安定性などの過渡特性の改善に利用される．速応性を良くするためにはゲイン交差周波数 ω_{gc} を大きくとる必要があり，そのためには定数ゲインを大きくすればよい．しかし，位相曲線は何も変化しないので位相余裕が減少し，システムの安定性が損なわれる．そこで，設計手順として先に十分に位相を進め，後にゲイン曲線を引き上げる方法をとれば制御系の安定性を保ったまま速応性が改善される．その手順を以下に示す．

Step 1: 要求する仕様を満たすように定数ゲインを決める．原系のボード線図を描く．

Step 2: 原系よりゲイン余裕，位相余裕を求め，ω_{gc} 付近の位相進み量 ϕ_m を決定する．また，そのときの ω_{gc} を ω_m とし式 (6.11) の a，T を求める．

Step 3: Step 2 より位相進み補償器が決まるので，補償器を組み合わせた開ループ伝達関数を描いて要求された仕様を満足しているか検討する．

例題 図 6.3 において制御対象 $P(s)$ に対して以下の設計仕様を満たす位相進み補償器を設計せよ．

$$P(s) = \frac{K}{s^2(0.1s+1)} \tag{6.13}$$

設計仕様 (1) 位相余裕 PM$\geq 40°$

(2) ゲイン交差周波数 $\omega_{gc} \geq 1.5$ rad/sec

（解答）Step 1: この制御系はどんな定数ゲイン K を設定しても閉ループ系は不安定である．はじめに，仕様 (2) の ω_{gc} を満たすことを考える．そこで，伝達関数 $P(s)$ のボード線図（図 6.10 調整前）から 1.5 rad/sec のゲインを読みとる．$|G(j1.5)| \cong -7.52$ dB であるから，この分だけ引き上げるためのゲインを決める．$20 \log_{10} K = 7.52$ より $K \cong 2.4$ が求まり $K = 3$ とする (図 6.10 調整後)．

Step 2: 安定性を確保するために $\omega_{gc} = 1.5$ rad/sec 付近に位相余裕を与える．そのため，ω_{gc} 付近で PM$= 40° + 10°$ 進ませることを考える．この値を式 (6.12) に代入し a の値を求めると $a = 7.55$ となり，$\omega_m = \omega_{gc}$ として式 (6.11) から $T = 0.243$ が求まる．

Step 3: 以上より位相進み補償系の伝達関数が以下のように求まる．

$$C(s) = \frac{1.832s + 1}{0.243s + 1} \tag{6.14}$$

この伝達特性を図 6.11 に示す．

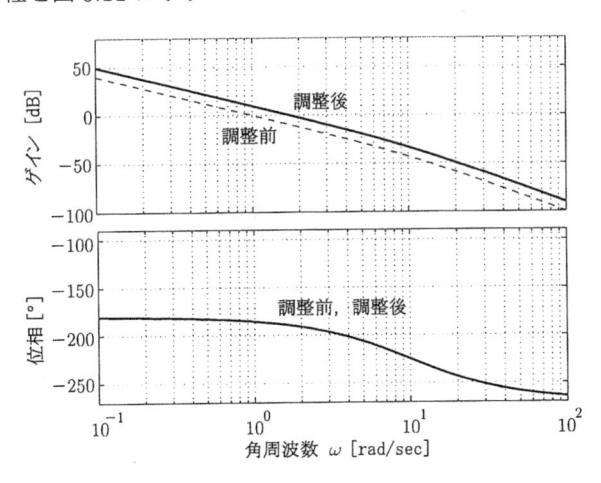

図 6.10 制御対象の開ループ特性，ゲイン調整後（実線）調整前（破線）

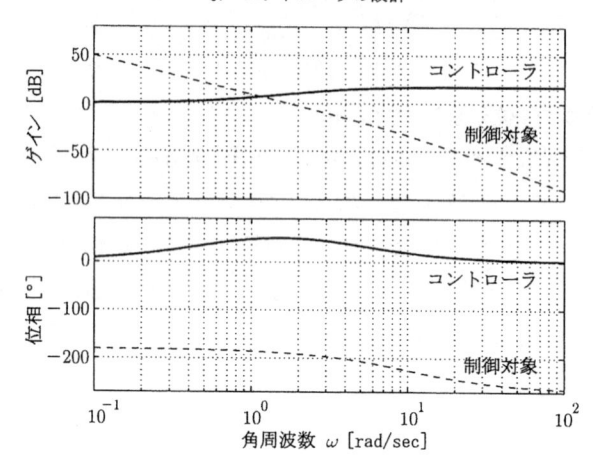

図 6.11 位相進み補償器の特性

式 (6.13) と式 (6.14) を組み合わせた一巡伝達関数は

$$L(s) = \frac{3(1.832s + 1)}{s^2(0.1s + 1)(0.243s + 1)} \quad (6.15)$$

である.ボード線図 (図 6.12) よりゲイン交差周波数 ω_{gc} は約 3.8 rad/sec と読みとれ,仕様 (2) の 1.5 rad/sec においては 11.17 dB であるので,ゲイン補償は約 11 dB 高いので引き下げることを考える.次式よりゲイン定数 K を求めると

$$20\log_{10} 3 - 20\log_{10} K = 11$$

$K = 0.846$ となる.よって一巡伝達関数は

$$L(s) = \frac{0.846(1.832s + 1)}{s^2(0.1s + 1)(0.243s + 1)} \quad (6.16)$$

となる.このボード線図を図 6.13 に示す.図より ω_{gc} において位相余裕は約 41° なので先の仕様を満たしている.

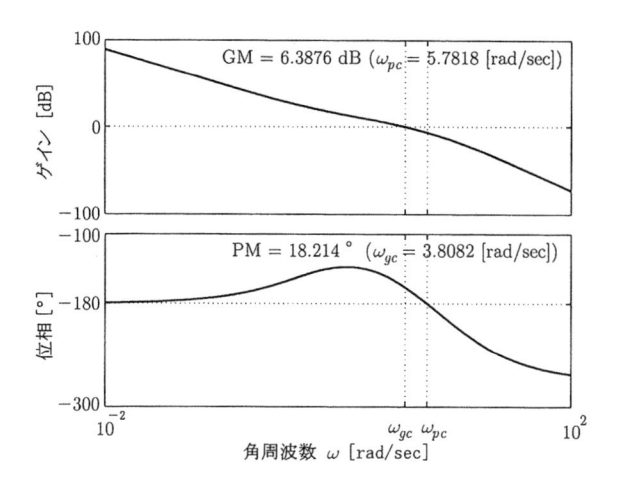

6.2 周波数領域におけるコントローラの設計

図 6.12 一巡伝達関数

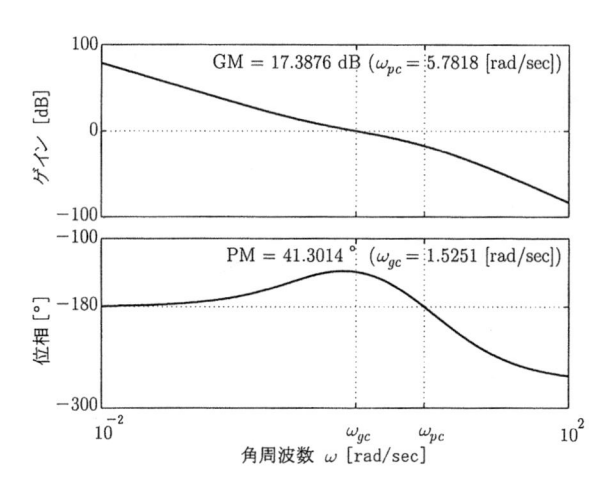

図 6.13 補償後の一巡伝達関数

(2) 位相遅れ補償

図 6.3 において，位相遅れ要素は

$$C(s) = \frac{1 + aTs}{1 + Ts}, \qquad a < 1 \tag{6.17}$$

と置けばよく比例要素と積分要素からなる PI コントローラに対応している．このボード線図を図 6.14 に示す．図より折れ点周波数は $1/T$，$1/(aT)$ で ω_m はそれらの中間の周波数であり，ϕ_m は位相遅れ量の最大値を示す．ここでも途中の導出については省略するが次の関係式が得られる．

$$\omega_m = \frac{1}{T\sqrt{a}} \tag{6.18}$$

$$\sin \phi_m = \frac{a-1}{a+1} \tag{6.19}$$

位相遅れ補償は制御系の定常特性を改善するために利用される．定常特性は低域でゲイン特性を増加させればよいから補償器は高域に比べ低域のゲイン特性が高いものとなる．しかし，逆に低域の位相が遅れ，ゲイン交差周波数が小さくなるので，交差周波数付近の特性を変えないように配慮する必要がある．以下に設計の手順を示す．

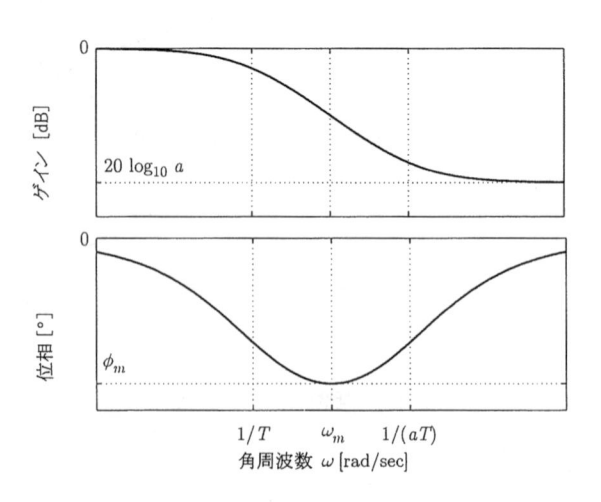

図 6.14 位相遅れ補償

Step 1: 設計仕様からゲイン定数を決める．

Step 2: Step 1 のゲイン定数をもとに一巡伝達関数の位相余裕，ゲイン余裕を求める．必要な位相シフト量を計算し，そのときのゲイン交差周波数 ω_{gc} を求め，式 (6.18) の a，T を求める．

Step 3: Step 2 より位相遅れ補償器が決まる．ただし，$1/(aT)$ は通常 ω_{gc} より 1 decade 低い点に選ばれる．補償系を組み合わせた開ループ伝達関数を描いて要求された仕様を満足しているか検討する．

例題 図 6.3 において，制御対象 $P(s)$ に対して以下の設計仕様を満たす位相遅れ補償器を設計せよ．

$$P(s) = \frac{K}{s(0.1s+1)(0.5s+1)} \qquad (6.20)$$

設計仕様 (1) 位相余裕 PM$\geq 35°$

(2) 定常速度偏差 $e \leq 0.2$

（解答）Step 1: (2) の仕様を満たすために式 (5.13) から定数ゲイン K を決める．

$$e_{sv} = \lim_{s \to 0} s \frac{1}{1+P(s)} \frac{1}{s^2} \leq 0.2 \qquad (6.21)$$

上式より $K \geq 5$ が得られるので $K = 5$ とする．改めてここで，制御対象を

$$P(s) = \frac{5}{s(0.1s+1)(0.5s+1)} \qquad (6.22)$$

とする．

Step 2: 制御対象のボード線図を図 6.15 に示す．図よりゲイン余裕 GM$= 7.6$ dB($\omega_{pc} = 4.47$ rad/sec)，位相余裕 PM$= 19.9°$($\omega_{gc} = 2.8$ rad/sec) となり，システムは安定であるが設計仕様は位相余裕において満たされていない．

そこで，位相が $-140°(= -180° + 40°$ ただし位相余裕の条件に $5°$ の余裕を考慮) となる周波数を位相線図から読みとると，約 $\omega_{gc} = 1.72$ rad/sec であり，これが補償後のゲイン交差周波数となる．したがって，この周波数において補償系と組み合わせた一巡伝達関数 $L(s) = P(s)C(s)$ のゲインが 0 dB となる必要がある．そこで，式 (6.17) の位相遅れ補償器のパラメータ a および T を調整する．伝達関数の乗算はボード線図上で加算すればいいことと，位相遅れ補

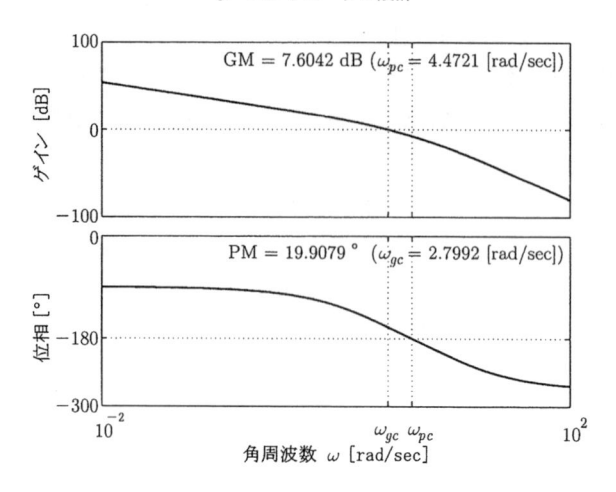

図 6.15 制御対象の開ループ特性

償は高域で $20\log_{10} a$ dB 低下することを考えれば以下の式で a が求まる．つまり，

$$|P(1.72j)| = 6.74 \text{ dB} \tag{6.23}$$

であることを利用すれば

$$20\log_{10} a = -6.74 \text{ dB} \tag{6.24}$$

である必要があるので，これから a を求めれば $a = 0.46$ となる．また，高域の折れ点周波数 $1/(aT)$ は通常 ω_{gc} より1デカード低い点に選定される．つまり，

$$\frac{1}{aT} = \frac{\omega_{gc}}{10} = 0.172 \text{ rad/sec} \tag{6.25}$$

であり．これより $T = 12.62$，$aT = 5.81$ が求められる．

Step 3: 以上より位相遅れ補償系の伝達関数が求まる．つまり

$$C(s) = \frac{5.81s + 1}{12.62s + 1} \tag{6.26}$$

となり，このボード線図を図 6.16 に示す．設計された制御系が先の設計仕様を満たしているかチェックする．そこで，構築された一巡伝達関数は

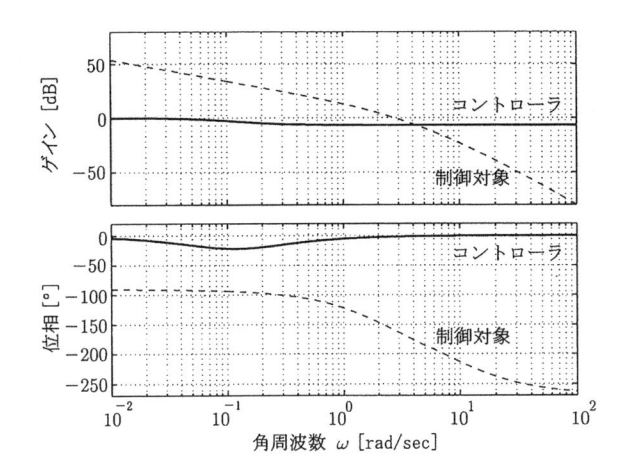

6.2 周波数領域におけるコントローラの設計

図 6.16 位相遅れ補償系の特性

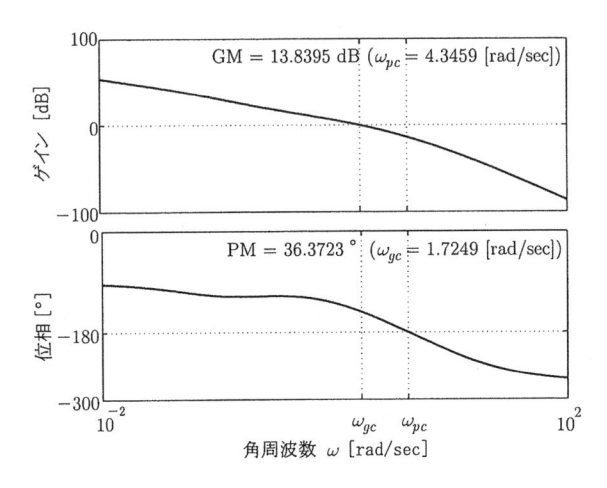

図 6.17 開ループ特性

$$L(s) = \frac{5(5.81s+1)}{s(0.1s+1)(0.5s+1)(12.62s+1)} \qquad (6.27)$$

となるので，このボード線図 (図 6.17) を描いてみる．図より位相余裕は約 PM= 36° あり，充分設計仕様を満たしている．定常速度偏差については Step 1 で解決済みである．念のため式 (6.21) において $P(s)$ の代わりに $L(s)$ とおいても同じ条件が得られる．また，ステップ応答を図 6.18 に示す．この補償の欠点としてはゲイン交差周波数が低くなり，ステップ応答においては立ち上がりが遅くなってしまう．

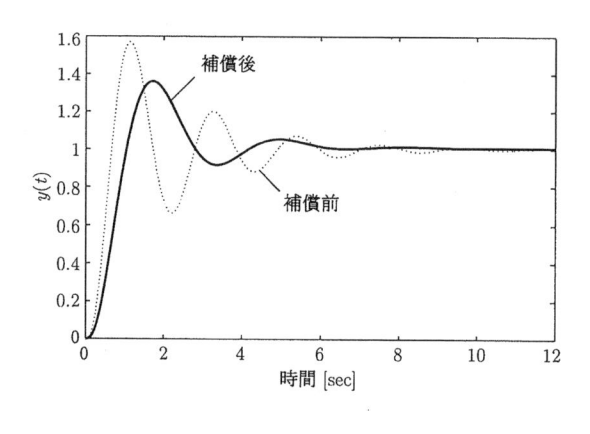

図 6.18 ステップ応答

6.3 内部安定性

まず，簡単な例を用いて内部安定性について考えてみよう．いま，図 6.19 のようなフィードバック制御系が与えられたとする．この制御系の $r(t)$ から $y(t)$ への伝達関数 $G_{yr}(s)$ を求めると，

$$G_{yr}(s) = \frac{1}{s+2} \qquad (6.28)$$

となるので，制御系は安定であるように見える．しかし，図 6.19 のように閉ループ内に不安定要素が含まれている場合には不都合が生じる．この場合，$r(t)$

6.3 内部安定性

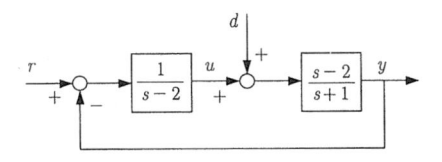

図 6.19 内部安定性

から $u(t)$ への伝達関数 $G_{ur}(s)$ は，

$$G_{ur}(s) = \frac{s+1}{(s+2)(s-2)} \tag{6.29}$$

となり，不安定である．このため，$r(t)$ により $u(t)$ の発振が起こるが，その様子は，$y(t)$ に現れないという状況が生じている．このように，一般に安定とは限らない要素を用いて制御系を構成する場合には，不安定極と不安定ゼロ点の相殺に注意しなければならない．

以下では，この問題を回避するためのフィードバック制御系の**内部安定性**(internal stability)について述べる．図6.20の制御系において，入力 $r(t), d(t)$ から各要素の出力 $u(t), y(t)$ までの伝達関数は，

$$\begin{bmatrix} y(t) \\ u(t) \end{bmatrix} = \begin{bmatrix} \dfrac{P(s)C(s)}{1+P(s)C(s)} & \dfrac{P(s)}{1+P(s)C(s)} \\ \dfrac{C(s)}{1+P(s)C(s)} & -\dfrac{P(s)C(s)}{1+P(s)C(s)} \end{bmatrix} \begin{bmatrix} r(t) \\ d(t) \end{bmatrix} \tag{6.30}$$

となる．ここで，式 (6.30) の4つの伝達関数がすべて安定であるとき，先に述べた不安定な極零相殺は起きていない．このとき，フィードバック制御系は，内部安定であるという．

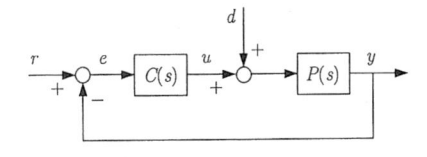

図 6.20 フィードバック制御系

例題 図 6.21 の制御系が,内部安定であることを確認しよう.

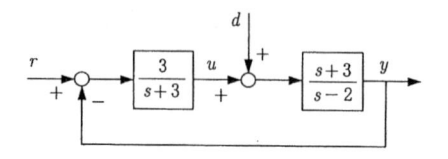

図 6.21 内部安定性

式 (6.30) を計算すると,

$$\begin{bmatrix} y(t) \\ u(t) \end{bmatrix} = \begin{bmatrix} \dfrac{3}{s+1} & \dfrac{s+3}{s+1} \\ \dfrac{3(s-2)}{(s+1)(s+3)} & -\dfrac{3}{s+1} \end{bmatrix} \begin{bmatrix} r(t) \\ d(t) \end{bmatrix} \tag{6.31}$$

となるので,図 6.21 の制御系は内部安定である.

6.4 安定化コントローラの表現

制御系設計は,与えられた制御対象 $P(s)$ に対して,制御系が,(1) 内部安定で,かつ,(2) 所望の制御性能を満たすコントローラを求めることである.しかし,必ずしも複数の制御目的を同時に満たすコントローラを設計できるとは限らないので,内部安定性を満たすコントローラの集合の中からできるだけ他の制御目的を満たすコントローラを求めることになる.ここでは,6.4.1 項で安定化コントローラの集合を表現するための基礎として既約分解表現について述べ,6.4.2 項で安定化コントローラの表現法について,6.4.3 項では,達成可能なフィードバック特性とそのパラメータ表現について述べる.なお,以下では,安定でプロパーな実有理関数である伝達関数の集合を記号 $\mathcal{S}$ で表すものとする[*1].

[*1] プロパーの定義については 2.1.2 項を参照すること.

6.4.1 既約分解

2つの多項式 $n(s)$, $m(s)$ の最大公約数が1であれば，$n(s)$ と $m(s)$ は，既約であるという．伝達関数は，分子多項式と分母多項式の比として考えることができるが，$\mathcal{S}$ に属する関数の比として考えることもできる．後者のように伝達関数を表現する方法を，**既約分解表現**(coprime factrization approach) といい，近年の制御系設計理論の基礎となっている．

次のような不安定な伝達関数を考える．

$$G(s) = \frac{1}{s-1} \tag{6.32}$$

普通これを多項式の比とみなす．この場合には，分母多項式は $s-1$ で分子多項式は1である．しかし，この $G(s)$ を2つの安定でプロパーな伝達関数の比で表すこともできる．すなわち，もし

$$N(s) = \frac{1}{s+1} \tag{6.33}$$

$$D(s) = \frac{s-1}{s+1} \tag{6.34}$$

とすれば，次式は明らかである．

$$G(s) = \frac{N(s)}{D(s)} \tag{6.35}$$

ここで，$N(s)$ と $D(s)$ はともに安定でかつプロパーである．当然ながら，$N(s)$ と $D(s)$ は唯一なものではない．これらの伝達関数の分母多項式は，ある正の α を用いた $s+\alpha$ であってもよいし，さらにより次数の高い安定な多項式であってもかまわない．$N(s)$ と $D(s)$ の分母多項式としてある高次元の安定な多項式を用いることができるかどうかは，この後述べる既約であるための条件によって定められる．一見無駄に見える取り扱いであるが，安定でプロパーな伝達関数の集合が，整数の集合に似た性質をもつことから，ある与えられた制御対象を安定化するすべてのコントローラのクラスを表現できるなど，さまざまな場面で強力な道具となる．

図 6.20 における制御対象 $P(s)$ とコントローラ $C(s)$ を次のように表す．

$$P(s) = \frac{N_p(s)}{D_p(s)} \tag{6.36}$$

$$C(s) = \frac{N_c(s)}{D_c(s)} \tag{6.37}$$

ここで，$N_p(s), D_p(s), N_c(s), D_c(s) \in \mathcal{S}$ である．このとき，式 (6.30) は，

$$\begin{bmatrix} y(t) \\ u(t) \end{bmatrix} = \begin{bmatrix} \dfrac{P(s)C(s)}{1+P(s)C(s)} & \dfrac{P(s)}{1+P(s)C(s)} \\ \dfrac{C(s)}{1+P(s)C(s)} & -\dfrac{P(s)C(s)}{1+P(s)C(s)} \end{bmatrix} \begin{bmatrix} r(t) \\ d(t) \end{bmatrix}$$

$$= \begin{bmatrix} \dfrac{N_p(s)N_c(s)}{N_p(s)N_c(s)+D_p(s)D_c(s)} & \dfrac{N_p(s)D_c(s)}{N_p(s)N_c(s)+D_p(s)D_c(s)} \\ \dfrac{D_p(s)N_c(s)}{N_p(s)N_c(s)+D_p(s)D_c(s)} & -\dfrac{N_p(s)N_c(s)}{N_p(s)N_c(s)+D_p(s)D_c(s)} \end{bmatrix} \begin{bmatrix} r(t) \\ d(t) \end{bmatrix}$$

$$= \frac{1}{N_p(s)N_c(s)+D_p(s)D_c(s)} \begin{bmatrix} N_p(s)N_c(s) & N_p(s)D_c(s) \\ D_p(s)N_c(s) & -N_p(s)N_c(s) \end{bmatrix} \begin{bmatrix} r(t) \\ d(t) \end{bmatrix} \tag{6.38}$$

となる．ここで，与えられた制御系が内部安定であるための必要十分条件は，

$$\frac{1}{N_p(s)N_c(s)+D_p(s)D_c(s)} \in \mathcal{S} \tag{6.39}$$

となることである．あるいは，適当な単元 $V(s)$ を用いて，

$$V(s) = N_p(s)N_c(s) + D_p(s)D_c(s) \tag{6.40}$$

と書けることである．ここで，$V(s)$ が単元であるとは，$V(s)$ が安定プロパーかつその逆 $1/V(s)$ も安定プロパーであることと定義する．$N_c(s)/V(s), D_c(s)/V(s)$ を考えると，それらは安定プロパーである．式 (6.40) の両辺を $V(s)$ で割り，これらをそれぞれ，$N_c(s), D_c(s)$ と置き直すと，

$$N_p(s)N_c(s) + D_p(s)D_c(s) = 1 \tag{6.41}$$

となる．式 (6.41) は，**ベズー等式**(Bezout identity) と呼ばれる (式 (6.40) もベズー等式と呼ぶ)．この条件は，$N_p(s)$ と $D_p(s)$ が集合 $\mathcal{S}$ の中で共通因子を

持たない（既約である）ための必要十分条件である．したがって，図 6.20 の制御系を内部安定化するコントローラ $C(s) = N_c(s)/D_c(s)$ は，既約な $N_p(s)$, $D_p(s)$ に対して式 (6.41) を満たすように決定すればよいが，式 (6.41) を満たす既約因子は一意ではない（$N_c(s)$ と $D_c(s)$ も既約であることに注意）．特に，制御対象 $P(s)$ が安定であるとき，式 (6.41) を満たす既約因子は，

$$N_p(s) = P(s),\ D_p(s) = 1,\ N_c(s) = 0,\ D_c(s) = 1 \tag{6.42}$$

と選ぶことができる．

例題 次の制御対象 $P(s)$ に対する既約分解表現を求めよう．

$$P(s) = \frac{1}{s+1} \tag{6.43}$$

この制御対象 $P(s)$ は，安定であるので，式 (6.42) により，

$$N_p(s) = \frac{1}{s+1},\ D_p(s) = 1,\ N_c(s) = 0,\ D_c(s) = 1 \tag{6.44}$$

と選べば，式 (6.41) のベズー等式を満たす既約因子を求めることができる．

不安定な制御対象 $P(s)$ に対する既約分解表現の導出は，付録 A.5 を参照されたい．

6.4.2　コントローラのパラメータ表現

制御系を安定化する全てのコントローラの集合は，式 (6.41) の解で与えられる．これは，代数学の結果より，式 (6.41) の $N_c(s)$, $D_c(s)$ についての特解 $X(s),\ Y(s) \in \mathcal{S}$ と任意の $Q(s) \in \mathcal{S}$ により，

$$N_c(s) = X(s) + D_p(s)Q(s) \tag{6.45}$$
$$D_c(s) = Y(s) - N_p(s)Q(s) \tag{6.46}$$

で与えられることが知られている．特に，$Q(s) = 0$ の場合には，$N_c(s) = X(s)$, $D_c(s) = Y(s)$ となる．これが解であることは，式 (6.45), (6.46) を式 (6.41) に代入することにより確認することができる．このため，制御系を内部安定化する全てのコントローラの集合 $C_Q(s)$ は，

$$C_Q(s) = \frac{X(s) + D_p(s)Q(s)}{Y(s) - N_p(s)Q(s)} \tag{6.47}$$

と表される．特に，制御対象 $P(s)$ が安定であるとき，既約因子は，式 (6.42) のように選ぶことができるため，式 (6.47) は，

$$C_{Qs}(s) = \frac{Q(s)}{1 - P(s)Q(s)} \tag{6.48}$$

となる．式 (6.48) のコントローラを用いた制御系は，図 6.22 のように構成され，コントローラ内部に制御対象 $P(s)$ が含まれているため，内部モデル制御と呼ばれている．

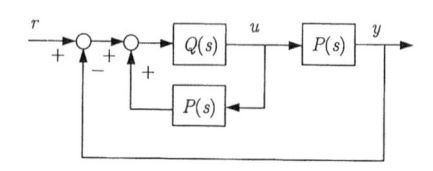

図 6.22 内部モデル制御

一方，式 (6.47) は，ユーラパラメトリゼーションと呼ばれており，コントローラの集合を表現していることに加えて，次の2つの利点がある．1つは，安定化コントローラとパラメータ $Q(s)$ が一対一対応しているため，$Q(s) \in \mathcal{S}$ であれば制御系の安定性が自動的に保証されることである．もう1つは，パラメータ $Q(s)$ が制御系の閉ループ伝達関数に1次式の形で現れるため，制御系設計問題が簡単になる．

6.4.3 達成可能な特性とそのパラメータ表現

制御対象を内部安定化することができるコントローラの全てが求められると，フィードバック制御系によって達成することができる特性を明らかにすることができる．ここでは，図 6.20 の制御系において考えなければならない特性について述べる．

(1) 目標値応答特性

目標値 $r(t)$ から出力 $y(t)$ への伝達関数を $G_{yr}(s)$ と表すと，

$$G_{yr}(s) = \frac{P(s)C(s)}{1 + P(s)C(s)}$$
$$= N_p(s)\{X(s) + D_p(s)Q(s)\} \tag{6.49}$$

で与えられる．$G_{yr}(s)$ の帯域幅が広いほど，速応性が良くなる．

(2) 外乱応答特性

外乱 $d(t)$ から出力 $y(t)$ への伝達関数を $G_{yd}(s)$ と表すと，

$$G_{yd}(s) = \frac{P(s)}{1 + P(s)C(s)}$$
$$= N_p(s)\{Y(s) - N_p(s)Q(s)\} \tag{6.50}$$

で与えられる．外乱 $d(t)$ が持つ周波数成分に対応した $G_{yd}(s)$ のゲインの値が小さければ，外乱 $d(t)$ が出力 $y(t)$ に与える影響は小さくなる．

(3) 感度特性

感度関数(sensitivity function) を $S(s)$ と表すと，

$$S(s) = \frac{1}{1 + P(s)C(s)}$$
$$= D_p(s)\{Y(s) - N_p(s)Q(s)\} \tag{6.51}$$

で与えられる．これは，目標値 $r(t)$ から偏差 $e(t)$ までの伝達関数に等しい．

(4) 相補感度特性

相補感度関数(complementary sensitivity function) を $T(s)$ で表すと，

$$T(s) = \frac{P(s)C(s)}{1 + P(s)C(s)}$$
$$= N_p(s)\{X(s) + D_p(s)Q(s)\} \tag{6.52}$$

で与えられる．これは，目標値 $r(t)$ から出力 $y(t)$ までの伝達関数 $G_{yr}(s)$ に等しい．

上記から，コントローラを設計することは，(1) から (4) の特性が望ましくなるようにフリーパラメータ $Q(s)$ を求めることといえるが，1つのフリーパラメータ $Q(s)$ で複数の特性を同時に達成することは困難であるので，適切なト

レードオフをはかる必要がある．

例題 ここでは，内部安定性と外部入力に対する定常特性を満足するコントローラを設計する方法について述べる．

制御対象 $P(s)$ は，式 (6.43) で表される

$$P(s) = \frac{1}{s+1}$$

ものとし，つぎの3つの条件を満たすコントローラ $C_Q(s)$ を求める．

1) 図 6.20 のフィードバック制御系が内部安定となる．
2) 目標値 $r(t)$ が単位ステップ関数で，外乱 $d(t)=0$ のとき，出力 $y(t)$ の最終値が1となる．
3) 目標値 $r(t)=0$ で，外乱 $d(t)$ が 1 rad/sec の正弦波のとき，出力 $y(t)$ の最終値が0となる．

この問題を解くために，まず，条件1) の制御系を内部安定化するためのコントローラの集合を求める．この制御対象 $P(s)$ は安定であるので，既約因子は式 (6.44) で与えられる．このため，制御系を内部安定にするコントローラの集合 $C_Q(s)$ は，式 (6.48) の $C_{Qs}(s)$ として与えられ，制御系は図 6.23 となる．

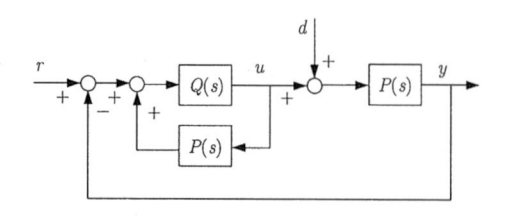

図 6.23 外乱 $d(t)$ を有する制御系

次に，条件2), 3) を満たすパラメータ $Q(s)$ を決定する．まず，条件2) を満たすには，目標値 $r(t)$ から出力 $y(t)$ への伝達関数 $G_{yr}(s)$（1自由度制御系の場合には相補感度関数 $T(s)$ に等しい）において，ステップ状の目標値 $r(t)$ を入力した場合，ラプラス変換の最終値の定理より，

6.4 安定化コントローラの表現

$$\lim_{t \to \infty} \{r(t) - y(t)\} = \lim_{s \to 0} s\{1 - G_{yr}(s)\}\frac{1}{s} = 1 - G_{yr}(0) \quad (6.53)$$

が成り立つので，定常偏差が残らないためには，$G_{yr}(0) = 1$ が成り立てばよい．したがって，この条件は式 (6.52) よりパラメータ $Q(s)$ を用いて，

$$G_{yr}(s) = T(s) = \frac{1}{s+1}Q(s) \quad (6.54)$$

と表されるので，

$$T(0) = Q(0) = 1 \quad (6.55)$$

が成り立てばよい．次に条件 3) を満たすには，正弦波外乱 $d(t) = \sin \omega t$（例題では $\omega = 1$）が混入した場合，$t \to \infty$ のとき，$y(t) \to \infty$ となればよい．この条件は，すなわち $G_{yd}(j\omega) = 0$ である．$G_{yd}(s)$ は，式 (6.50) よりパラメータ $Q(s)$ を用いて次のように表される．

$$G_{yd}(s) = \frac{1}{s+1}\left\{1 - \frac{1}{s+1}Q(s)\right\} \quad (6.56)$$

このため，正弦波外乱を除去（$y(t) = 0$）するには，$G_{yd}(j) = 0$ が成り立てばよいので，条件 3) を満たすには，

$$Q(j) = 1 + j \quad (6.57)$$

が成り立てばよい．したがって，条件 2), 3) を満たすコントローラ $C_Q(s)$ は，次の3つの条件を満たすパラメータ $Q(s) \in \mathcal{S}$ を求める問題へと帰着される．

$$Q(0) = 1 \quad (6.58)$$

$$\mathrm{Re}\{Q(j)\} = 1 \quad (6.59)$$

$$\mathrm{Im}\{Q(j)\} = 1 \quad (6.60)$$

さて，これらを満足するパラメータ $Q(s)$ を見つける方法として，

$$Q(s) = \sum_{i=0}^{m} \frac{\alpha_i}{(s+p)^i} \quad (6.61)$$

と置いて，係数 α_i を求める方法がある．ここで，$p > 0$ であり，$m < \infty$ と選ぶと，パラメータ $Q(s)$ は，必ず集合 $\mathcal{S}$ に属する関数となる．この例題の場合，$p = 1, m = 2$ とすると，

$$Q(s) = \alpha_0 + \frac{\alpha_1}{s+1} + \frac{\alpha_2}{(s+1)^2} \tag{6.62}$$

となり，係数 $\alpha_0, \alpha_1, \alpha_2$ を求める問題となる．式 (6.58), (6.59), (6.60) を用いて，係数を求めると，

$$\alpha_0 = 3, \; \alpha_1 = -4, \; \alpha_2 = 2 \tag{6.63}$$

が得られる．このため，式 (6.63) を式 (6.62) へ代入することにより，パラメータ $Q(s)$ は，

$$Q(s) = \frac{3s^2 + 2s + 1}{(s+1)^2} \tag{6.64}$$

となる．最後に，式 (6.64) を式 (6.48) へ代入し，コントローラ $C_Q(s)$ を求めると，

$$C_Q(s) = \frac{3s^3 + 5s^2 + 3s + 1}{s(s^2 + 1)} \tag{6.65}$$

となり，条件を満たすコントローラが得られる．このコントローラを用いた場

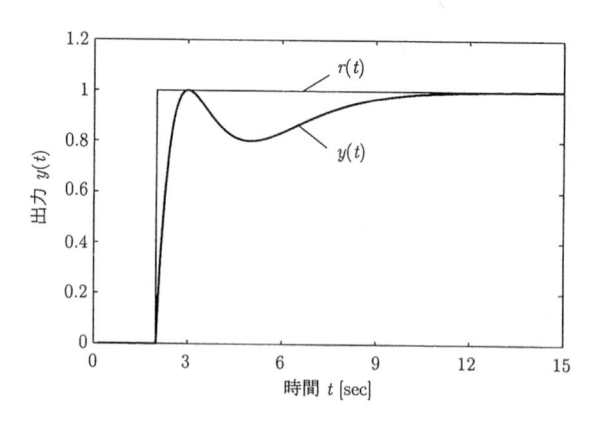

図 6.24 目標値応答

6.4 安定化コントローラの表現

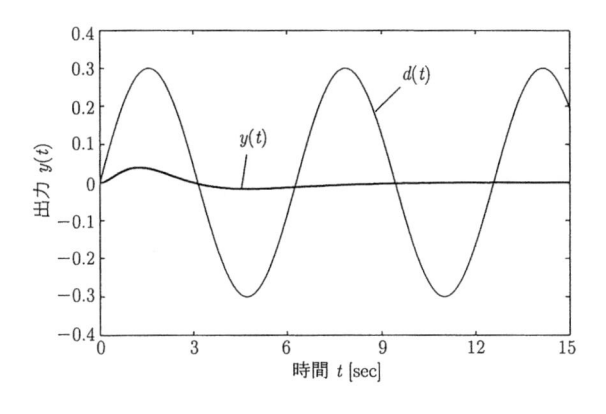

図 6.25 外乱応答

合の目標値応答を図 6.24，外乱応答 (正弦波の振幅を 0.3 とした場合) を図 6.25 に示す．これらの図より，$t \to \infty$ のとき，出力 $y(t)$ は目標値 $r(t)$ に一致し，外乱 $d(t)$ の影響が除去される様子がわかる．

この例題で示したように，フィードバックコントローラ $C_Q(s)$ が，目標値のモデル $1/s$，および外乱のモデル $1/(s^2+1)$ を含んでいるため，定常偏差がゼロとなる．これを**内部モデル原理**(internal model principle) という．

6.4.4 2自由度制御系

制御のおもな目的は，系の内部安定化のほかに，制御対象の出力 $y(t)$ を目標値 $r(t)$ に追従させることである．この目的のために，最もよく用いられる方法は，図 6.20 のように制御系を構成することである．しかし，制御系に混入する外乱 $d(t)$ の影響なども同時に考慮しなければならない場合には，図 6.20 の制御系では，コントローラの自由度は 1 しかなく，一般的に複数の仕様を満足するコントローラを設計することが難しい．

一方，目標値応答特性の整形を考える場合には，フィードフォワード制御が有効である．例えば，望ましい目標値応答特性を有するモデルの伝達関数を $G_M(s)$ と表し，目標値 $r(t)$ から出力 $y(t)$ までの伝達関数 $G_{yr}(s)$ をこれに一致させる場合，図 6.26 に示すように

図 6.26 目標値応答の整形

$$u(t) = \frac{G_M(s)}{P(s)} r(t) \tag{6.66}$$

にすればよい．ただし，この場合には外乱の影響や不安定な制御対象に対処することはできない ($G_M(s)$ と $1/P(s)$ の間で不安定な極零相殺を起こしてはいけない)．しかし，目標値応答特性と内部安定化や外乱抑制などのフィードバック特性を分離して考える制御法は有効である．このような制御系は，**2 自由度制御系**(two-degree-of-freedom control system) と呼ばれ，目標値応答特性はフィードフォワードコントローラに，また，内部安定化や外乱抑制などはフィードバックコントローラにより実現される．

2 自由度制御系の一般的な構成は，

$$u(t) = \begin{bmatrix} C_1(s) & C_2(s) \end{bmatrix} \begin{bmatrix} r(t) \\ y(t) \end{bmatrix} \tag{6.67}$$

のように，目標値 $r(t)$ と出力 $y(t)$ から操作量 $u(t)$ を決定する方法である．特に，

$$C_1(s) = \{P^{-1}(s) + C_B(s)\} G_M(s) \tag{6.68}$$
$$C_2(s) = -C_B(s) \tag{6.69}$$

と選ぶことにより，制御系は，図 6.27 のようになる．

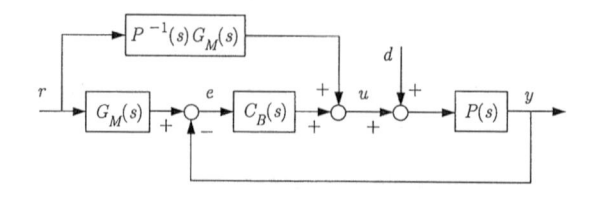

図 6.27 2 自由度制御系

この制御系は，制御対象に変動がなく，外乱も存在しない場合，偏差 $e(t)$ が

6.4 安定化コントローラの表現

ゼロとなり，制御系の伝達関数は，

$$\begin{bmatrix} y(t) \\ u(t) \end{bmatrix} = \begin{bmatrix} G_M(s) & \dfrac{P(s)}{1+P(s)C_B(s)} \\ P^{-1}(s)G_M(s) & -\dfrac{P(s)C_B(s)}{1+P(s)C_B(s)} \end{bmatrix} \begin{bmatrix} r(t) \\ d(t) \end{bmatrix} \qquad (6.70)$$

となる．このため，目標値応答特性と外乱除去などのフィードバック特性は，独立に設計することができる．このとき，制御系が安定であるための必要十分条件は，

(1) $C_B(s)$ が $P(s)$ を安定化すること
(2) $G_M(s)$ が $G_M(s) \in \mathcal{S}$, $P^{-1}(s)G_M(s) \in \mathcal{S}$ を満たすこと

となる．

例題 前節の例において，目標値応答特性を改善することを試みよう．ここで考える制御系は，図 6.27 に示される 2 自由度制御系であり，目標値応答は，外乱除去などのフィードバック特性と独立して，伝達関数 $G_M(s)$ で設定することができる．このため，ラプラス変換の最終値の定理より，

$$\lim_{t \to \infty}\{r(t) - y(t)\} = \lim_{s \to 0} s\{1 - G_M(s)\}\frac{1}{s} = 1 - G_M(0) \qquad (6.71)$$

となるので，$G_M(0) = 1$ を満足するように次のように設定する．

$$G_M(s) = \frac{3}{s+3} \qquad (6.72)$$

このとき，目標値応答は，外乱が混入しない場合には，図 6.28 に示すように，良好な応答が得られる．

一方，フィードバックコントローラ $C_B(s)$ は，2 自由度制御系では目標値応答が $G_M(s)$ で決定されることから，式 (6.65) の積分器 $1/s$ は不要であるように思えるが，設計に用いている制御対象 $P(s)$ は実際の制御対象 $\tilde{P}(s)$ のモデルであり，モデル化誤差を含んでいると考えられる．今，$P(s)$ が $\tilde{P}(s)$ に変動したとすると，目標値 $r(t)$ から出力 $y(t)$ への伝達関数 $\tilde{G}_{yr}(s)$ は，

$$\tilde{G}_{yr}(s) = \frac{\tilde{P}(s)P^{-1}(s) + \tilde{P}(s)C_B(s)}{1+\tilde{P}(s)C_B(s)} G_M(s) \qquad (6.73)$$

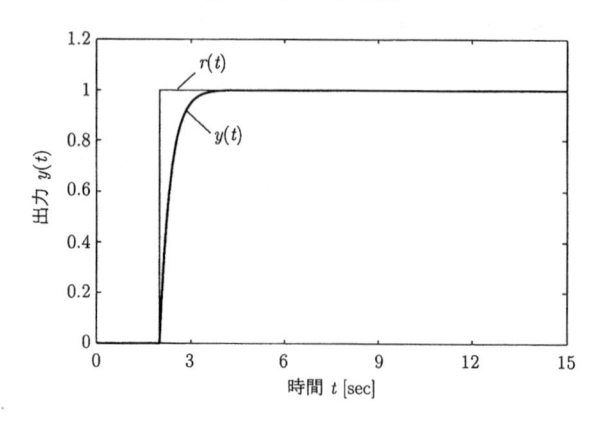

図 6.28 2自由度制御系における目標値応答

となる．制御対象のモデル $P(s)$ が実際の制御対象 $\tilde{P}(s)$ に等しい場合 ($P(s) = \tilde{P}(s)$)，$G_{yr}(s) = G_M(s)$ となるので，ステップ状の目標値 $r(t)$ に対して定常偏差が残らないためには，$G_M(0) = 1$ が必要である．一方，制御対象に変動がある場合，$C_B(0) = \infty$ とすると，$\tilde{P}(0)P^{-1}(0) < \infty$, かつ $\tilde{P}(0)C_B(0) = \infty$ となるので，

$$\tilde{G}_{yr}(0) = \frac{\tilde{P}(0)C_B(0)}{\tilde{P}(0)C_B(0)} G_M(0) = G_M(0) = 1 \qquad (6.74)$$

を得る．逆に，$C_B(0) < \infty$ とすると，式 (6.73) より，$\tilde{P}(0) = P(0)$ でない限り，$\tilde{G}_{yr}(0) = 1$ は成立しない．したがって，フィードバックコントローラ $C_B(s)$ には積分器 $1/s$ は必要である．

一方，一般にフィードバックコントローラのゲインが大きくなると，制御系が低感度となり，外乱あるいはモデル化誤差が系に与える影響は小さくなる．しかし，図 6.23 に示される1自由度制御系では，フィードバックコントローラのゲインを大きくすると，操作量の大きさの制限を越えた入力が必要となる場合がある．これに対して，図 6.27 に示される2自由度制御系では，目標値応答特性とフィードバック特性が独立に設定できるため，フィードバックコントローラ $C_B(s)$ のゲインを大きくとり，制御系の低感度化をはかる．

ここでは，式 (6.65) で与えられるコントローラを5倍した

$$C_B(s) = \frac{5(3s^3 + 5s^2 + 3s + 1)}{s(s^2 + 1)} \qquad (6.75)$$

をフィードバックコントローラ $C_B(s)$ とする.このとき,内部安定性は確保される.

1 rad/sec の正弦波外乱 $d(t)$ が混入した場合の出力 $y(t)$ を,1自由度制御系と比較して,図 6.29 に示す.この図から,ゲインを5倍したことにより,制御系の低感度化が実現され,外乱の影響が1自由度制御系より抑制されている様子がわかる.

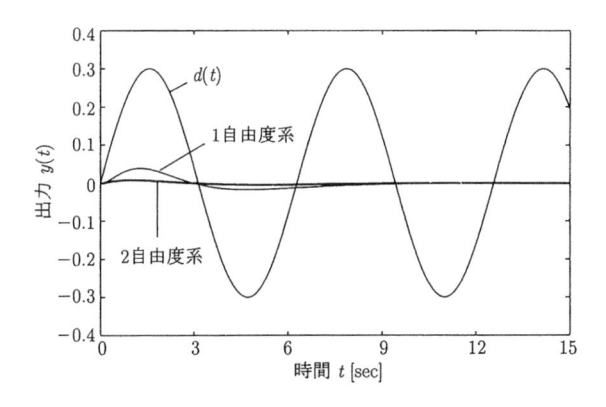

図 6.29 1自由度系と2自由度系の外乱応答の比較

また,実際の制御対象 $\tilde{P}(s)$ が,

$$\tilde{P}(s) = \frac{30}{(s+1)(s+20)} \qquad (6.76)$$

で与えられる場合,モデル化誤差が出力 $y(t)$ に与える影響を,1自由度制御系,2自由度制御系に対して求めた結果を,それぞれ,図 6.30,6.31 に示す.図中の $y(t)$ はモデルに対する出力,$\tilde{y}(t)$ は実際の制御対象に対する出力を示す.

これらの図より,1自由度制御系では変動の影響が出力 $y(t)$ に大きく現れているのに対して,2自由度制御系では変動の影響が抑制されている様子がわかる.

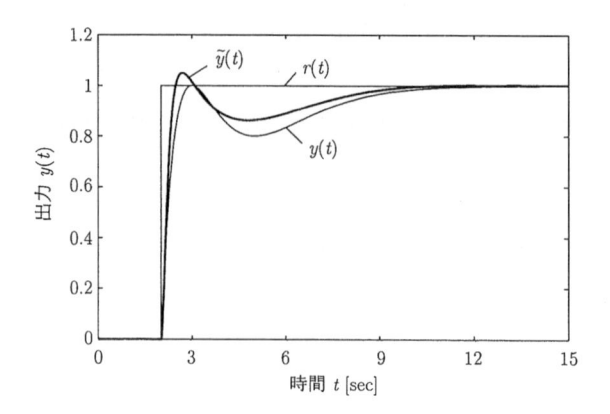

図 6.30 制御対象が変動した場合の目標値応答 (1 自由度制御系)

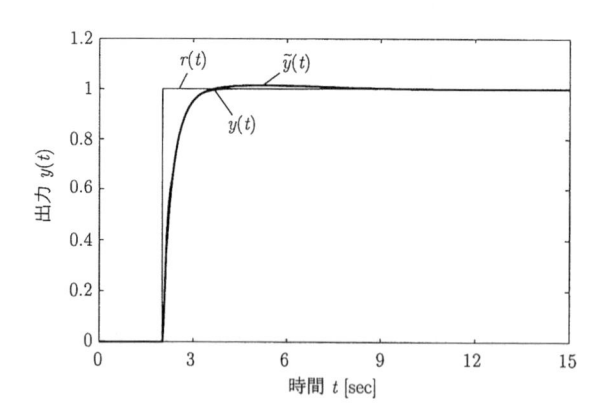

図 6.31 制御対象が変動した場合の目標値応答 (2 自由度制御系)

6.5 H_∞ ノルムによる設計仕様の表現とループ整形

ここでは,パラメータ表現されたコントローラの中から,与えられた制御性能を満たすコントローラを設計するための基本的な考え方を示す.フィードフォワードコントローラは,モデルの伝達関数に一致させるなどの方法で比較的容

6.5 H_∞ ノルムによる設計仕様の表現とループ整形

易に決定できるので，ここでは，フィードバックコントローラに着目し，感度特性やロバスト安定性について考える．フィードバック特性は，周波数伝達関数のゲイン特性で与えることが便利であるので，設計の評価を，閉ループ伝達関数の H_∞ **ノルム**(H_∞ norm) で考える．6.5.1 項では，H_∞ の定義を与え，6.5.2 項では H_∞ ノルムによるフィードバック特性の定式化について述べる．6.5.3 項では，6.5.2 項の結果をフリーパラメータを用いて表現し，6.5.4 項では，**ループ整形**(loop shaping) の考え方を示す．

6.5.1 H_∞ ノルム

安定な伝達関数 $G(s)$ が与えられたとき，H_∞ ノルムは，

$$\| G(s) \|_\infty = \sup_{\mathrm{Re}[s]>0} | G(s) | \tag{6.77}$$

で定義される．$G(s)$ が複素閉右半面に極を持たないとき，右辺の上限はその領域の境界上でとることが知られているので，H_∞ ノルムは，

$$\| G(s) \|_\infty = \sup_\omega | G(j\omega) | \tag{6.78}$$

により定義される．すなわち，H_∞ ノルムは，図 6.32 に示すように，周波数伝達関数のゲインの上限で与えられる．

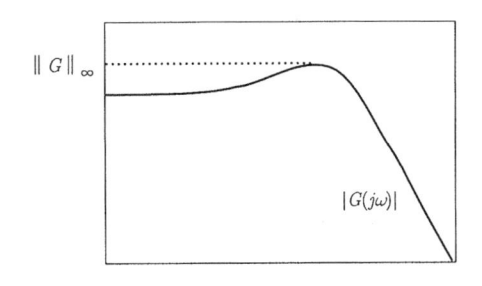

図 6.32 H_∞ ノルム

H_∞ ノルムの特徴として，次式が成り立つ．

$$\| G(s)H(s) \|_\infty \leq \| G(s) \|_\infty \| H(s) \|_\infty \tag{6.79}$$

6.5.2 H_∞ ノルム仕様
(1) 感度低減化問題

感度関数 $S(s)$ は，式 (6.51) で与えたように，目標値 $r(t)$ から偏差 $e(t)$ までの伝達関数であり，制御対象 $P(s)$ のパラメータ変動に対する閉ループ系の相対感度を示している．したがって，感度を低く抑えるということは，外乱 $d(t)$ やパラメータ変動の影響を抑え，偏差 $e(t)$ の変動を抑えることになる．重み関数 $W_1(s)$ を用いて，

$$|S(j\omega)| < \frac{1}{|W_1(j\omega)|}, \quad \forall \omega \qquad (6.80)$$

すなわち，

$$|W_1(j\omega)S(j\omega)| < 1, \quad \forall \omega \qquad (6.81)$$

となるようにコントローラを設計することができれば，所望の制御性能を持つ制御系が構成できる (図 6.33 参照)．

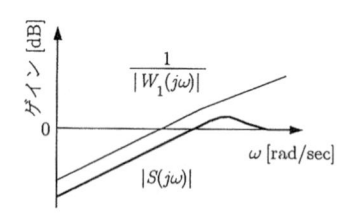

図 6.33 感度低減化問題

式 (6.81) は，前節で述べた H_∞ ノルムを用いれば，

$$\|W_1(s)S(s)\|_\infty < 1 \qquad (6.82)$$

と表すことができる．

(2) ロバスト安定化問題

5.3 節で述べたように，制御系がロバスト安定であるための条件は，式 (5.39) で与えられる．前節で述べた H_∞ ノルムを用いて表現すると，

$$\|W_2(j\omega)T(j\omega)\|_\infty < 1 \tag{6.83}$$

となる.この関係により,図 6.34 に示すように,重み関数 $W_2(s)$ により相補感度関数 $T(s)$ のゲインを小さくしたい周波数帯域を指定することができる.

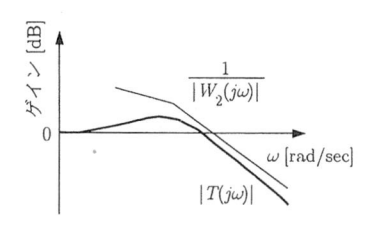

図 6.34 ロバスト安定化問題

6.5.3 フリーパラメータによる表現

6.4.2 項で述べたコントローラのパラメータ表現を用いると,閉ループ系の伝達関数はフリーパラメータ $Q(s)$ の 1 次式となるので,ほとんどの H_∞ ノルムで表現された制御仕様は,

$$\|T_1(s) + T_2(s)Q(s)\|_\infty < 1 \tag{6.84}$$

という形式で表すことができる.これを,前節で述べた感度低減化問題とロバスト安定化問題について考えてみる.感度関数はフリーパラメータ $Q(s)$ を用いて式 (6.51) のように表されるので,これを式 (6.84) の形で表す場合,

$$T_1(s) = W_1(s)D_p(s)Y(s) \tag{6.85}$$

$$T_2(s) = -W_1(s)D_p(s)N_p(s) \tag{6.86}$$

となる.一方,相補感度関数は式 (6.52) のように表されるので,

$$T_1(s) = W_2(s)N_p(s)X(s) \tag{6.87}$$

$$T_2(s) = W_2(s)N_p(s)D_p(s) \tag{6.88}$$

となる.なお,式 (6.84) の解法は,本書の範囲を超えるので,他の成書を参考にされたい.

6.5.4 ループ整形手法

制御対象の変動に対する低感度特性や，外乱抑制特性，目標値追従に関する性能を良くするためには，感度関数 $S(s)$ のゲイン特性を低くすれば良い．一方，ロバスト安定性の観点では，相補感度関数 $T(s)$ のゲイン特性が低いことが望ましい．しかし，感度関数 $S(s)$ と相補感度関数 $T(s)$ は，

$$S(s) + T(s) = 1 \tag{6.89}$$

という関係式が成り立っているため，両方同時に小さくすることはできない．しかし，実際には，感度関数 $S(s)$ を小さくしたいのは低周波数領域，相補感度関数 $T(s)$ を小さくしたいのは高周波数領域であり，両者では小さくしたい周波数領域は異なっている．したがって，それぞれの特性を満たすようにコントローラを設計すればよい．

ここで，感度関数 $S(s)$ および相補感度関数 $T(s)$ を開ループ伝達関数 $L(s) = P(s)C(s)$ を用いて表現すれば，

$$S(s) = \frac{1}{1 + L(s)} \tag{6.90}$$

$$T(s) = \frac{L(s)}{1 + L(s)} \tag{6.91}$$

となる．このため，感度関数 $S(s)$ を低周波領域で小さくするには，$L(s)$ のゲインを低周波領域で大きくすれば良い．また，相補感度関数 $T(s)$ を高周波領域で小さくするには，$L(s)$ のゲインを高周波数領域で小さくすれば良い．これらを図で示すと，図 6.35 のようになる．

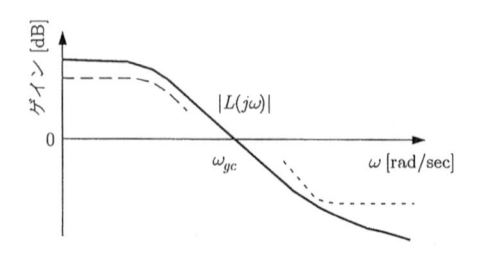

図 6.35 ループ整形の考え方

このように，開ループ伝達関数 $L(s)$ のゲイン曲線を角周波数 ω の関数と見て，$L(s)$ のゲイン特性の形状が，望ましくなるように整形していく方法を，ループ整形という．ループ整形に基づく設計指針は，

(1) 定常特性の観点から，低周波領域の $L(s)$ のゲインを大きくする
(2) 速応性の観点からゲイン交差周波数 ω_{gc} をできるだけ高くする
(3) 位相余裕を十分に確保する
(4) ロバスト安定性の観点から，高周波領域の $L(s)$ のゲインを小さくする

このようなループ整形において，特に注意しなければならないことは，以下の通りである．

(1) に対しては，低周波領域における開ループゲインを十分に大きくすると，閉ループ系の感度が低くなり，目標値への追従，外乱の抑制が改善される．特に，ステップ状の目標値の場合には低周波領域のゲインの傾きは -20 dB/dec，ランプ状の目標値の場合には -40 dB/dec が必要である．

(2) に対しては，ゲイン交差周波数が大きくなると，閉ループ系のバンド幅が広くなるため，速応性がよくなる．

しかし，(3) に対して，ゲイン交差周波数 ω_{gc} 付近での $|L(j\omega)|$ のゲイン特性の傾きが，-40 dB/dec 以下の急峻な傾きを持つ場合，好ましくない位相遅れが生じ，内部安定性が損なわれる．このため，この周波数付近での傾きは，-20 dB/dec が望ましく，この場合には十分な位相余裕が確保される．

さらに，(4) に対して，相補感度関数 $T(s)$ の高周波領域での傾きは，開ループ伝達関数 $L(s)$ の高周波領域の傾きと等しいことから，ロバスト安定性に関しては，高周波領域の傾きは急峻であることが望ましく，一般に $-40\sim-60$ dB/dec であればよい．また，観測雑音は高周波成分が多いことからも，-40 dB/dec 以上が望ましい．

練習問題

6.1 図 6.36 における閉ループ系の根軌跡を求めよ．

144   6. コントローラの設計

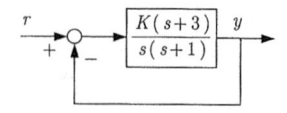

図 6.36 フィードバック制御系

6.2 図 6.37 における制御対象がコントローラ $C(s) = K$ のみでは安定化することができないことを根軌跡を用いて示せ．また，コントローラに PD コントローラ $C(s) = K(s+1)$ を用いたときの K の安定性の条件を示し，ステップ応答における効果を説明せよ．

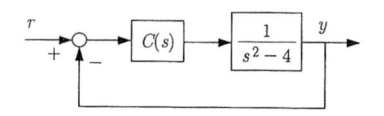

図 6.37 フィードバック制御系

6.3 図 6.38 において，コントローラをゲイン補償のみ ($C(s) = K$) として根軌跡法により (a) 減衰係数 $\zeta = 1/\sqrt{2}$，(b) 減衰係数 $\zeta = 0.5$ となるようにゲイン K を調整せよ．

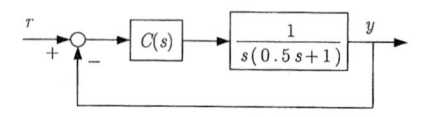

図 6.38 フィードバック制御系

6.4 制御対象が $P(s) = K/s(s+1)$ である直結フィードバック系において，位相余裕 $\geq 45°$，定常速度偏差 $e_{sv} = 1/K_v \leq 0.1$ となるように位相進み補償を設計せよ．

6.5 制御対象が $P(s) = 750/(s^3 + 20s^2 + 75s)$ である直結フィードバック系において，位相余裕 $\geq 40°$ となるように位相進み補償の場合と位相遅れ補償の場合とで補償器を設計せよ．

6.6 次の制御対象 $P(s)$ に対する既約分解表現を求めよ.

$$P(s) = \frac{10}{(s+1)(s+2)}$$

6.7 制御対象 $P(s)$ は, 次式で表されるものとする.

$$P(s) = \frac{1}{s+2}$$

このとき, つぎの3つの条件を満たすコントローラ $C_Q(s)$ を求めよ.

1) 図 6.20 のフィードバック制御系が内部安定となる.
2) 目標値 $r(t)$ が単位ステップ関数で, 外乱 $d(t) = 0$ のとき, 出力 $y(t)$ の最終値が 1 となる.
3) 目標値 $r(t) = 0$ で, 外乱 $d(t)$ が 1 rad/sec の正弦波のとき, 出力 $y(t)$ の最終値が 0 となる.

A

付　　　　　録

A.1　ラプラス変換

　ラプラス変換(Laplace transform) は微分方程式の解や制御系の応答を簡単に求める有効な手法である.
[定義] 関数 $f(t)$ が, $t \geq 0$ の区間で定義された連続な実関数 ($t < 0$ のときは $f(t) = 0$) で,

$$\int_0^\infty f(t)e^{-st}dt \tag{A.1}$$

が有限となるような複素数 s が存在するとき,

$$F(s) = \int_0^\infty f(t)e^{-st}dt \tag{A.2}$$

を $f(t)$ のラプラス変換 (Laplace transform) といい,

$$F(s) = \mathcal{L}\{f(t)\} \tag{A.3}$$

と書く. なお, s はラプラス演算子という.
　ここでは基本的な関数のラプラス変換とラプラス変換の性質について計算をし, ラプラス変換表 (p.154 参照) に結果をまとめる.

A.1.1　基本的な関数のラプラス変換
(1) 単位ステップ関数

$$f(t) = \begin{cases} 1 & (t \geq 0) \\ 0 & (t < 0) \end{cases} \tag{A.4}$$

式 (A.4) を式 (A.2) に代入する.

$$\begin{aligned}
\mathcal{L}\{f(t)\} &= \int_0^\infty f(t)e^{-st}dt = \int_0^\infty 1 \cdot e^{-st}dt \\
&= \int_0^\infty 1 \left(-\frac{1}{s}e^{-st}\right)' dt \\
&= \left[-\frac{1}{s}e^{-st}\right]_0^\infty - \underbrace{\int_0^\infty (1)' \cdot \left(-\frac{1}{s}e^{-st}\right) dt}_{\to 0} \\
&= -\frac{1}{s}\left[e^{-st}\right]_0^\infty \\
&= -\frac{1}{s}\left(e^{-\infty} - e^0\right) = \frac{1}{s}
\end{aligned}$$

(2) 単位ランプ関数(定速度入力関数)

$$f(t) = t \tag{A.5}$$

式 (A.5) を式 (A.2) に代入する.

$$\begin{aligned}
\mathcal{L}\{f(t)\} &= \int_0^\infty f(t)e^{-st}dt = \int_0^\infty t \cdot e^{-st}dt \\
&= \underbrace{\left[t \cdot \left(-\frac{1}{s}e^{-st}\right)\right]_0^\infty}_{\to 0} - \int_0^\infty (t)' \cdot \left(-\frac{1}{s}e^{-st}\right) dt \\
&= -\left(-\frac{1}{s}\right)\int_0^\infty e^{-st}dt \\
&= \frac{1}{s}\left[-\frac{1}{s}e^{-st}\right]_0^\infty \\
&= -\frac{1}{s^2}\left[e^{-st}\right]_0^\infty \\
&= -\frac{1}{s^2}\left(e^{-\infty} - e^0\right) = \frac{1}{s^2}
\end{aligned}$$

(3) 定加速度入力関数

$$f(t) = t^2 \tag{A.6}$$

式 (A.6) を式 (A.2) に代入する.

$$\begin{aligned}
\mathcal{L}\{f(t)\} &= \int_0^\infty f(t)e^{-st}dt = \int_0^\infty t^2 \cdot e^{-st}dt \\
&= \underbrace{\left[t^2 \cdot \left(-\frac{1}{s}e^{-st}\right)\right]_0^\infty}_{\to 0} - \int_0^\infty (t^2)' \cdot \left(-\frac{1}{s}e^{-st}\right) dt
\end{aligned}$$

$$= -2\int_0^\infty t \cdot \left(-\frac{1}{s}e^{-st}\right)dt$$

$$= -2\left(-\frac{1}{s}\right)\underline{\int_0^\infty t \cdot e^{-st}dt} \quad \rightarrow (\text{A.1.1(2)})$$

$$= \frac{2}{s}\left(\frac{1}{s^2}\right) = \frac{2}{s^3}$$

(4) 指数関数

$$f(t) = e^{-at} \tag{A.7}$$

式 (A.7) を式 (A.2) に代入する.

$$\mathcal{L}\{f(t)\} = \int_0^\infty f(t)e^{-st}dt = \int_0^\infty e^{-at}\cdot e^{-st}dt$$

$$= \int_0^\infty e^{-(s+a)t}dt$$

$$= \int_0^\infty 1 \cdot \left(-\frac{1}{s+a}e^{-(s+a)t}\right)'dt$$

$$= \left[-\frac{1}{s+a}e^{-(s+a)t}\right]_0^\infty - \underline{\int_0^\infty (1)' \cdot e^{-(s+a)t}dt} \quad \rightarrow 0$$

$$= -\frac{1}{s+a}\left[e^{-(s+a)t}\right]_0^\infty$$

$$= -\frac{1}{s+a}\left(e^{-\infty} - e^0\right) = \frac{1}{s+a}$$

(5) 正弦波関数および余弦波関数

$$f_1(t) = \sin\omega t = \frac{1}{2j}(e^{j\omega t} - e^{-j\omega t}) \tag{A.8}$$

$$f_2(t) = \cos\omega t = \frac{1}{2}(e^{j\omega t} + e^{-j\omega t}) \tag{A.9}$$

式 (A.8), (A.9) をそれぞれ式 (A.2) に代入する.

$$\mathcal{L}\{f_1(t)\} = \int_0^\infty f_1(t)e^{-st}dt = \int_0^\infty \sin\omega t \cdot e^{-st}dt$$

$$= \int_0^\infty \frac{1}{2j}\left(e^{j\omega t} - e^{-j\omega t}\right)\cdot e^{-st}dt$$

$$= \frac{1}{2j}\underline{\int_0^\infty \left\{e^{-(s-j\omega)t} - e^{-(s+j\omega)t}\right\}dt} \quad \rightarrow (\text{A.1.1(4)})$$

A.1 ラプラス変換

$$= \frac{1}{2j}\left(\frac{1}{s-j\omega} - \frac{1}{s+j\omega}\right) = \frac{\omega}{s^2+\omega^2}$$

$$\mathcal{L}\{f_2(t)\} = \int_0^\infty f_2(t)e^{-st}dt = \int_0^\infty \cos\omega t \cdot e^{-st}dt$$

$$= \int_0^\infty \frac{1}{2}\left(e^{j\omega t} + e^{-j\omega t}\right) \cdot e^{-st}dt$$

$$= \frac{1}{2}\int_0^\infty \left\{e^{-(s-j\omega)t} + e^{-(s+j\omega)t}\right\}dt$$

$$= \frac{1}{2}\left(\frac{1}{s-j\omega} + \frac{1}{s+j\omega}\right) = \frac{s}{s^2+\omega^2}$$

(6) 単位インパルス関数 (デルタ関数)

デルタ関数 $\delta(t)$ は幅 w が微小で高さ h が無限大，面積 wh が 1 の矩形波として考えられる．矩形波のラプラス変換は

$$\mathcal{L}\{f(t)\} = \int_0^\infty f(t)e^{-st}dt = h\int_0^w e^{-st}dt$$

$$= h\left[-\frac{1}{s}e^{-st}\right]_0^w$$

$$= \frac{h}{s}\left(1 - e^{-sw}\right)$$

となり，マクローリン級数展開をすると

$$\frac{h}{s}\left(1 - e^{-sw}\right) = \frac{h}{s}\left\{1 - \left(1 - sw + \frac{1}{2}s^2w^2 - \cdots\right)\right\}$$

で与えられる．よって，デルタ関数のラプラス変換は $w \to 0, hw = 1$ を考慮して

$$\mathcal{L}\{f(t)\} = \mathcal{L}\{\delta(t)\} = 1$$

となる．

A.1.2 ラプラス変換の性質

(1) 線形性

任意の定数 a_1, a_2 に対して

$$\mathcal{L}\{a_1 f_1(t) + a_2 f_2(t)\} = a_1 \mathcal{L}\{f_1(t)\} + a_2 \mathcal{L}\{f_2(t)\}$$
$$= a_1 F_1(s) + a_2 F_2(s) \tag{A.10}$$

(2) 微分

$$f'(t) \tag{A.11}$$

式 (A.11) を式 (A.2) に代入する.

$$\begin{aligned}
\mathcal{L}\{f'(t)\} &= \int_0^\infty f'(t) e^{-st} dt \\
&= \left[f(t) e^{-st} \right]_0^\infty - \int_0^\infty \left(e^{-st} \right)' f(t) dt \\
&= \left[f(t) e^{-st} \right]_0^\infty + s \underbrace{\int_0^\infty f(t) e^{-st} dt}_{\to \mathcal{L}\{f(t)\}} \\
&= s\mathcal{L}\{f(t)\} - f(0) \\
&= sF(s) - f(0)
\end{aligned} \tag{A.12}$$

なお,一般に n 次導関数の場合は次のようになる.

$$\mathcal{L}\{f^{(n)}(t)\} = s^n F(s) - \sum_{k=1}^n s^{n-k} f^{(k-1)}(0) \tag{A.13}$$

(3) 積分

$$g(t) = \int_0^t f(t) dt \quad (\text{ただし } g(0) = 0) \tag{A.14}$$

式 (A.14) の両辺を微分し,

$$g'(t) = f(t)$$

ラプラス変換する.

$$\underbrace{\mathcal{L}\{g'(t)\}}_{\to \text{A.1.2(2)}} = \mathcal{L}\{f(t)\}$$

A.1 ラプラス変換

$$sL\{g(t)\} - g(0) = F(s)$$
$$sL\left\{\int_0^t f(t)dt\right\} - g(0) = F(s)$$

整理して

$$L\left\{\int_0^t f(t)dt\right\} = \frac{1}{s}F(s) \tag{A.15}$$

なお，一般に n 重積分の場合は次のようになる．

$$L\left\{\int_0^t \cdots \int_0^t f(t)dt \cdots dt\right\} = \frac{1}{s^n}F(s) \tag{A.16}$$

(4) 推移定理

正の定数 a に対して，

$$\begin{aligned}
L\{f(t-a)\} &= L\{f(\tau)\} \\
&= \int_{-a}^{\infty} f(\tau)e^{-s(\tau+a)}d\tau \\
&= e^{-sa}\int_0^{\infty} f(\tau)e^{-s\tau}d\tau \\
&= e^{-sa}F(s)
\end{aligned}$$

また

$$\begin{aligned}
L\{e^{at}f(t)\} &= \int_0^{\infty} f(t)e^{-(s-a)t}dt \\
&= F(s-a)
\end{aligned}$$

(5) 相似定理

$$\begin{aligned}
L\{f(at)\} &= \int_0^{\infty} f(at)e^{-st}dt \\
&= \frac{1}{a}\int_0^{\infty} f(\tau)e^{-s\frac{\tau}{a}}d\tau = \frac{1}{a}F\left(\frac{s}{a}\right)
\end{aligned}$$

(6) 最終値定理

$$\lim_{s\to 0}\left[\int_0^{\infty} f'(t)e^{-st}dt\right] = \lim_{t\to\infty} f(t) - f(0)$$

$$= \lim_{s \to 0} sF(s) - f(0)$$

すなわち

$$\lim_{t \to \infty} f(t) = \lim_{s \to 0} sF(s)$$

(7) 初期値定理

$$\lim_{s \to \infty} \left[\int_0^\infty f'(t)e^{-st}dt \right] = \lim_{s \to \infty} sF(s) - \lim_{t \to 0} f(t)$$
$$= 0$$

すなわち

$$\lim_{t \to 0} f(t) = \lim_{s \to \infty} sF(s)$$

(8) たたみ込み積分

$\mathcal{L}\{f_1(t)\} = F_1(s), \mathcal{L}\{f_2(t)\} = F_2(s)$ とするとき, 正の定数 τ に対して,

$$\mathcal{L}\left\{ \int_0^t f_1(t-\tau)f_2(\tau)d\tau \right\} = F_1(s)F_2(s) \quad (A.17)$$

が成り立つ.

（証明）式 (A.17) の左辺は式 (A.2) から,

$$\mathcal{L}\left\{ \int_0^t f_1(t-\tau)f_2(\tau)d\tau \right\} = \int_0^\infty \left[\int_0^t f_1(t-\tau)f_2(\tau)d\tau \right] e^{-st}dt \quad (A.18)$$

となる. いま, 単位ステップ関数

$$u(t-\tau) = \begin{cases} 1 & (t \geq \tau) \\ 0 & (t < \tau) \end{cases} \quad (A.19)$$

を導入し, 積

$$f_1(t-\tau)f_2(\tau)u(t-\tau) \quad (A.20)$$

を考える. 積分区間の上限を有限 t から ∞ に変えることができるため, 式 (A.18) は

$$\mathcal{L}\left\{\int_0^t f_1(t-\tau)f_2(\tau)d\tau\right\}$$
$$=\int_0^\infty \left[\int_0^\infty f_1(t-\tau)f_2(\tau)u(t-\tau)d\tau\right]e^{-st}dt$$
$$=\int_0^\infty f_2(\tau)\int_0^\infty f_1(t-\tau)u(t-\tau)e^{-st}dtd\tau$$
$$=\int_0^\infty f_2(\tau)\int_0^\tau f_1(t-\tau)u(t-\tau)e^{-st}dtd\tau$$
$$+\int_0^\infty f_2(\tau)\int_\tau^\infty f_1(t-\tau)u(t-\tau)e^{-st}dtd\tau$$
$$=\int_0^\infty f_2(\tau)\int_\tau^\infty f_1(t-\tau)e^{-st}dtd\tau$$

となる．ここで，$t-\tau = a$ とおくと $(dt = da)$,

$$\mathcal{L}\left\{\int_0^t f_1(t-\tau)f_2(\tau)d\tau\right\}$$
$$=\int_0^\infty f_2(\tau)\int_0^\infty f_1(a)e^{-s(\tau+a)}dad\tau$$
$$=\int_0^\infty f_2(\tau)e^{-s\tau}d\tau\int_0^\infty f_1(a)e^{-sa}da$$
$$=\left[\int_0^\infty f_1(\tau)e^{-s\tau}d\tau\right]\left[\int_0^\infty f_2(\tau)e^{-s\tau}d\tau\right]$$
$$=F_1(s)F_2(s)$$

(証明終)

練習問題

A.1 次の関数のラプラス変換を求めよ．

(1) $f(t) = 2$
(2) $f(t) = 2t$
(3) $f(t) = t^2 + 4t + 3$
(4) $f(t) = e^{-3t+5}$
(5) $f(t) = te^{-2t}$
(6) $f(t) = e^t \sin t$
(7) $f(t) = \cos^2 t$
(8) $f(t) = \begin{cases} 2 & (0 \leq t \leq 1) \\ 2t & (t > 1) \end{cases}$

ラプラス変換表

$f(t)$	$F(s) = \mathcal{L}\{f(t)\} = \int_0^\infty f(t)e^{-st}dt$
$t=0$ における単位インパルス関数	1
$t=0$ における単位ステップ関数	$\dfrac{1}{s}$
$t=0$ における単位ランプ関数	$\dfrac{1}{s^2}$
t^n	$\dfrac{n!}{s^{n+1}}$
$\dfrac{t^{n-1}}{(n-1)!}$	$\dfrac{1}{s^n}$
e^{-at}	$\dfrac{1}{s+a}$
te^{-at}	$\dfrac{1}{(s+a)^2}$
$t^n e^{-at}$	$\dfrac{n!}{(s+a)^{n+1}}$
$\dfrac{t^{n-1}e^{-at}}{(n-1)!}$	$\dfrac{1}{(s+a)^n}$
$\sin \omega t$	$\dfrac{\omega}{s^2+\omega^2}$
$\cos \omega t$	$\dfrac{s}{s^2+\omega^2}$
$e^{-at}\sin \omega t$	$\dfrac{\omega}{(s+a)^2+\omega^2}$
$e^{-at}\cos \omega t$	$\dfrac{s+a}{(s+a)^2+\omega^2}$

A.2 逆ラプラス変換

$f(t)$ は次の複素積分によって求めることができ,

$$f(t) = \frac{1}{2\pi j}\int_{c-j\infty}^{c+j\infty} F(s)e^{st}ds \quad (c>0) \tag{A.21}$$

を $F(s)$ の逆ラプラス変換と呼び,

A.2 逆ラプラス変換

$$f(t) = \mathcal{L}^{-1}\{F(s)\} \tag{A.22}$$

と書く.

実際には $f(t)$ を求める場合, 式 (A.21) の積分を使うことは少なく, $F(s)$ を次のような有理関数に置き換え, 部分分数展開を行い, ラプラス変換表から $f(t)$ を求めることが多い. 部分分数の係数は, ヘビサイド (Heaviside) の部分分数展開定理を用いると容易に求められる.

$$F(s) = \frac{b_m s^m + b_{m-1} s^{m-1} + \cdots + b_1 s + b_0}{s^n + a_{n-1} s^{n-1} + \cdots + a_1 s + a_0} \tag{A.23}$$

いま, $F(s)$ の a_i, b_i は定数, m, n は正の数で $m \leq n$ が成り立ち, 分母は因数分解できるとすると, 式 (A.23) は次のように置き換えることができる.

$$F(s) = \frac{b_m s^m + b_{m-1} s^{m-1} + \cdots + b_1 s + b_0}{(s - \lambda_1)(s - \lambda_2) \cdots (s - \lambda_{n-1})(s - \lambda_n)} \tag{A.24}$$

ここで, $\lambda_1, \lambda_2, \cdots, \lambda_n$ は有理関数 $F(s)$ の極といい, 実数または複素数 (共役複素数も含む) を表す.

(1) 全ての極が異なる場合

たとえば

$$F(s) = \frac{b_2 s^2 + b_1 s + b_0}{(s - \lambda_1)(s - \lambda_2)(s - \lambda_3)} \tag{A.25}$$

とし, 部分分数に展開すると, 次の形となる.

$$F(s) = \frac{k_1}{s - \lambda_1} + \frac{k_2}{s - \lambda_2} + \frac{k_3}{s - \lambda_3} \tag{A.26}$$

ラプラス変換表から

$$f(t) = \mathcal{L}^{-1}\{F(s)\} = k_1 e^{\lambda_1 t} + k_2 e^{\lambda_2 t} + k_3 e^{\lambda_3 t} \tag{A.27}$$

となる. 係数 k_i はヘビサイドの展開定理により次のように求められる.

$$k_i = [(s - \lambda_i) F(s)]_{s = \lambda_i} \tag{A.28}$$

k_i を λ_i に対する留数と呼ぶので, この定理は留数定理とも呼ばれる.

(2) p 重極がある場合

たとえば

$$F(s) = \frac{b_2 s^2 + b_1 s + b_0}{(s - \lambda_1)^3 (s - \lambda_2)^2 (s - \lambda_3)} \qquad (A.29)$$

とし，部分分数に展開すると，次の形となる．

$$F(s) = \frac{k_{13}}{(s-\lambda_1)^3} + \frac{k_{12}}{(s-\lambda_1)^2} + \frac{k_{11}}{s-\lambda_1} + \frac{k_{22}}{(s-\lambda_2)^2} + \frac{k_{21}}{s-\lambda_2} + \frac{k_3}{s-\lambda_3} \qquad (A.30)$$

ラプラス変換表から

$$\begin{aligned} f(t) &= \mathcal{L}^{-1}\{F(s)\} \\ &= k_{13}\frac{t^2}{2}e^{\lambda_1 t} + k_{12}te^{\lambda_1 t} + k_{11}e^{\lambda_1 t} \\ &\quad + k_{22}te^{\lambda_2 t} + k_{21}e^{\lambda_2 t} + k_3 e^{\lambda_3 t} \end{aligned} \qquad (A.31)$$

となる．λ_i が p 重極の場合，$1/(s - \lambda_i)^r$ の係数 k_{ir} はヘビサイドの展開定理により次のように求められる．

$$k_{ir} = \frac{1}{(p-r)!} \frac{d^{(p-r)}}{ds^{(p-r)}}[(s-\lambda_i)^p F(s)]_{s=\lambda_i} \qquad (A.32)$$

重極以外の係数の場合は，式 (A.28) を用いる．

練習問題

A.2 次の関数の逆ラプラス変換を求めよ．

(1) $F(s) = \dfrac{1}{s^2} + \dfrac{2}{s^4}$

(2) $F(s) = \dfrac{2}{s+1}$

(3) $F(s) = \dfrac{1}{(s-2)^2}$

(4) $F(s) = \dfrac{2s+3}{s^2+3s+2}$

(5) $F(s) = \dfrac{5s+11}{s^2+4s+3}$

(6) $F(s) = \dfrac{4}{(s+1)^3}$

(7) $F(s) = \dfrac{s+5}{s^2+25}$

(8) $F(s) = \dfrac{s+5}{s^2+4s+13}$

A.3 ラプラス変換による常微分方程式の解法

システムを表現する方法として，伝達関数表現と微分方程式表現の2つがある．伝達関数は領域 s の関数であり，微分方程式は時間 t の関数である．ここでは，微分方程式の解の導出手法として，ラプラス変換を用いた手法を説明する．

（例）以下の微分方程式の解をラプラス変換を用いて求める．

$$\frac{d^2x(t)}{dt^2} + 5\frac{dx(t)}{dt} + 4x(t) = 0: \quad x(0)=0, \frac{dx(0)}{dt}=1 \quad (A.33)$$

式（A.33）の両辺をラプラス変換すると

$$\left\{s^2 X(s) - sx(0) - \frac{dx(0)}{dt}\right\} + 5\left\{sX(s) - x(0)\right\} + 4X(s) = 0 \quad (A.34)$$

となる．初期値を代入し，$X(s)$ についてまとめると

$$s^2 X(s) - 1 + 5sX(s) + 4X(s) = 0$$

$$\left(s^2 + 5s + 4\right) X(s) = 1$$

$$X(s) = \frac{1}{s^2 + 5s + 4} = \frac{1}{(s+1)(s+4)} \quad (A.35)$$

$$= \frac{1}{3}\left(\frac{1}{s+1} - \frac{1}{s+4}\right) \quad (A.36)$$

となる．よって，求める解はラプラス変換表を用いて次式となる．

$$x(t) = \mathcal{L}^{-1}\{X(s)\} = \frac{1}{3}\left(e^{-t} - e^{-4t}\right)$$

練習問題

A.3 次の微分方程式をラプラス変換を用いて求めよ．

(1) $\dfrac{d^2x(t)}{dt^2} + 4\dfrac{dx(t)}{dt} + 3x(t) = 0: \quad x(0)=0, \dfrac{dx(0)}{dt}=1$

(2) $\dfrac{d^2x(t)}{dt^2} + 6\dfrac{dx(t)}{dt} + 9x(t) = 0 :\quad x(0) = 0, \dfrac{dx(0)}{dt} = 1$

(3) $\dfrac{d^2x(t)}{dt^2} + 2\dfrac{dx(t)}{dt} + x(t) = 0 :\quad x(0) = 1, \dfrac{dx(0)}{dt} = 0$

(4) $2\dfrac{d^2x(t)}{dt^2} + 5\dfrac{dx(t)}{dt} + 2x(t) = 1 :\quad x(0) = 0, \dfrac{dx(0)}{dt} = 0$

A.4　フルビッツの安定判別条件

特性方程式を

$$f(s) = s^n + a_{n-1}s^{n-1} + \cdots + a_1 s + a_0 = 0 \tag{A.37}$$

としたとき，4.1 節で述べたように，特性根の実部の正負が判定できれば，安定性の判別ができる．ここでは，フルビッツの方法を示す．特性方程式の係数から，フルビッツ行列と呼ばれるものを次のように作る．

$$H = \begin{bmatrix} a_{n-1} & a_{n-3} & & & 0 & 0 \\ 1 & a_{n-2} & \ddots & & \vdots & \vdots \\ 0 & a_{n-1} & \ddots & \ddots & 0 & \vdots \\ \vdots & 1 & \ddots & \ddots & a_0 & \vdots \\ \vdots & \vdots & & \ddots & a_1 & 0 \\ 0 & \vdots & & & a_2 & a_0 \end{bmatrix} \tag{A.38}$$

この行列の作り方は，まず $a_{n-1}, a_{n-2}, \cdots, a_0$ を対角線上に置く．a_{n-1} の下には s^n の係数の 1 を置く．それより下は 0 とする．2 つ目の対角要素 a_{n-2} の下には，a_{n-1}, 1, 0 と置き，上には s^{n-3} の係数 a_{n-3} を置く．以下同様にする．この行列の主座小行列式は次のように計算される．

$$\det H_1 = a_{n-1} \tag{A.39}$$

$$\det H_2 = \det \begin{bmatrix} a_{n-1} & a_{n-3} \\ 1 & a_{n-2} \end{bmatrix} \tag{A.40}$$

$$\vdots$$

$$\det H_n = \det H \tag{A.41}$$

これらを用いて,フルビッツの安定判別は次のように表現される.
「特性方程式のすべての特性根の実部が負である必要十分条件は,すべての係数 $a_i(i=0,1,\cdots,n-1)$ が正であり, $\det H_i > 0$, $i=1,2,\cdots,n$ となることである.」

A.5 既約分解表現の計算法(制御対象が不安定の場合)

制御対象 $P(s)$ が不安定な場合の既約因子は,以下に示す変数変換およびユークリッドのアルゴリズムにより導出することができる.

＜既約因子の計算法＞

(1) λ の多項式が $\mathcal{S}$ に属する関数となるように, $s = (1-p\lambda)/\lambda$ により, $P(s)$ を $\tilde{P}(\lambda)$ へ変換する.ただし, $p > 0$ である.

(2) $\tilde{P}(\lambda)$ を既約な多項式の比として,

$$\tilde{P}(\lambda) = \frac{n_p(\lambda)}{d_p(\lambda)} \tag{A.42}$$

と表す.

(3) ユークリッドのアルゴリズムを利用して,

$$n_p(\lambda)n_c(\lambda) + d_p(\lambda)d_c(\lambda) = 1 \tag{A.43}$$

を満たす多項式 $n_c(\lambda)$, $d_c(\lambda)$ を求める.

(4) $\lambda = 1/(s+p)$ という変数変換を行い, $n_p(\lambda)$, $d_p(\lambda)$, $n_c(\lambda)$, $d_c(\lambda)$ を $N_p(s)$, $D_p(s)$, $N_c(s)$, $D_c(s)$ へ変換する.

<ユークリッドのアルゴリズム>

ここでは，$n_p(\lambda)$ などを n_p として表すものとする．

a) 多項式 n_p, d_p の次数を比較し，(n_p の次数) < (d_p の次数) ならば，n_p と d_p を入れ換える．

b) n_p を d_p で割り，商 q_1 と余り r_1 を求める．

$$n_p = d_p q_1 + r_1 \tag{A.44}$$

$$(r_1 \text{の次数}) < (d_p \text{の次数}) \tag{A.45}$$

c) d_p を r_1 で割り，商 q_2 と余り r_2 を求める．

$$d_p = r_1 q_2 + r_2 \tag{A.46}$$

$$(r_2 \text{の次数}) < (r_1 \text{の次数}) \tag{A.47}$$

d) r_1 を r_2 で割り，商 q_3 と余り r_3 を求める．

$$r_1 = r_2 q_3 + r_3 \tag{A.48}$$

$$(r_3 \text{の次数}) < (r_2 \text{の次数}) \tag{A.49}$$

e) 以下同様に，$r_i (i \geq 4)$ がゼロでない定数になるまで繰り返す．

例題　制御対象

$$P(s) = \frac{1}{(s+2)(s-2)} \tag{A.50}$$

に対して，式 (6.41) を満たす既約因子を求める．$s = (1-\lambda)/\lambda$ なる変数変換を行うと，

$$\tilde{P}(s) = \frac{-\lambda^2}{3\lambda^2 + 2\lambda - 1} \tag{A.51}$$

が得られる．

$$n_p(\lambda) = -\lambda^2 \tag{A.52}$$

$$d_p(\lambda) = 3\lambda^2 + 2\lambda - 1 \tag{A.53}$$

A.5 既約分解表現の計算法（制御対象が不安定の場合）

とおき，ユークリッドのアルゴリズムを用いると，

$$q_1 = -\frac{1}{3} \tag{A.54}$$

$$r_1 = \frac{2}{3}\lambda - \frac{1}{3} \tag{A.55}$$

$$q_2 = \frac{9}{2}\lambda + \frac{21}{4} \tag{A.56}$$

$$r_2 = \frac{3}{4} \tag{A.57}$$

を得る．r_2 がゼロでないため，ユークリッドのアルゴリズムは，c) で終了となる．ここで得られた関係式 (A.44), (A.46) より，

$$-n_p q_2 + (1 + q_1 q_2) d_p = r_2 \tag{A.58}$$

が得られる．この式と式 (A.43) と比較することにより，n_c, d_c が，つぎのように得られる．

$$n_c = -\frac{q_2}{r_2} = -6\lambda - 7 \tag{A.59}$$

$$d_c = \frac{1 + q_1 q_2}{r_2} = -2\lambda - 1 \tag{A.60}$$

よって，変数変換 $\lambda = 1/(s+1)$ により，既約因子をつぎのように求めることができる．

$$N_p(s) = \frac{-1}{(s+1)^2} \tag{A.61}$$

$$D_p(s) = \frac{-(s+2)(s-2)}{(s+1)^2} \tag{A.62}$$

$$N_c(s) = \frac{-7s - 13}{s+1} \tag{A.63}$$

$$D_c(s) = \frac{-s - 3}{s+1} \tag{A.64}$$

練習問題

A.5 次の制御対象 $P(s)$ に対する既約分解表現を求めよ．

(1) $P(s) = \dfrac{1}{s-1}$ \qquad (2) $P(s) = \dfrac{1}{(s-1)(s-2)}$

(3) $P(s) = \dfrac{2}{(s+1)(s-1)}$

B

練習問題解答

1.1 省略

2.1 (1) $M_1 \dfrac{d^2 x_1}{dt^2} = f - D_1 \left(\dfrac{dx_1}{dt} - \dfrac{dx_2}{dt} \right) - K_1(x_1 - x_2)$

$M_2 \dfrac{d^2 x_2}{dt^2} = D_1 \left(\dfrac{dx_1}{dt} - \dfrac{dx_2}{dt} \right) + K_1(x_1 - x_2) - D_2 \dfrac{dx_2}{dt} - K_2 x_2$

(2) $\dfrac{X_1(s)}{F(s)} = \dfrac{H(s)}{(M_1 s^2 + D_1 s + K_1) H(s) - (D_1 s + K_1)^2}$

ただし, $H(s) = M_2 s^2 + (D_1 + D_2) s + K_1 + K_2$

2.2 (1) $v_i = R_1 i_1 + \dfrac{1}{C_1} \int i_1 dt - \dfrac{1}{C_1} \int i_2 dt$

$0 = R_2 i_2 + \dfrac{1}{C_1} \int i_2 dt + \dfrac{1}{C_2} \int i_2 dt - \dfrac{1}{C_1} \int i_1 dt$

$v_o = \dfrac{1}{C_2} \int i_2 dt$

(2) $\dfrac{V_o(s)}{V_i(s)} = \dfrac{1}{R_1 R_2 C_1 C_2 s^2 + (R_1 C_1 + R_1 C_2 + R_2 C_2) s + 1}$

2.3 (1) $y = \dfrac{G_1 G_2 G_3 G_4}{1 + G_1 G_2 G_3 G_5} u$ (2) $y = \dfrac{G_1 G_2 G_5}{1 + G_2 G_3 + G_2 G_4 + G_1 G_2 G_5} u$

(3) $y = \dfrac{G_1 G_2 (G_3 + 1)}{1 + G_1 G_2 + G_2 G_4} u$

2.4 (1) $y = \dfrac{G_1 G_2 G_3}{1 + G_1 G_2 G_3 G_4} r$ (2) $y = \dfrac{G_2 G_3}{1 + G_1 G_2 G_3 G_4} v$

(3) $y = \dfrac{G_3}{1 + G_1 G_2 G_3 G_4} w$ (4) $y = \dfrac{-G_1 G_2 G_3 G_4}{1 + G_1 G_2 G_3 G_4} n$

(5) $y = \dfrac{G_1 G_2 G_3}{1 + G_1 G_2 G_3 G_4} r + \dfrac{G_2 G_3}{1 + G_1 G_2 G_3 G_4} v$

$+ \dfrac{G_3}{1 + G_1 G_2 G_3 G_4} w - \dfrac{G_1 G_2 G_3 G_4}{1 + G_1 G_2 G_3 G_4} n$

3.1 (1) $y(t) = 3(1 - e^{-t})$, $\qquad g(t) = 3e^{-t}$

(2) $y(t) = 2\left\{1 + \dfrac{T_1 e^{-t/T_1} - T_2 e^{-t/T_2}}{T_2 - T_1}\right\}$, $\quad g(t) = \dfrac{2(e^{-t/T_2} - e^{-t/T_1})}{T_2 - T_1}$

(3) $y(t) = 3 - 2\sqrt{3}e^{-t}\sin(\sqrt{3}t + \pi/3)$, $\qquad g(t) = 4\sqrt{3}e^{-t}\sin\sqrt{3}t$

(4) $y(t) = 12\{1 - (1+t)e^{-t}\}$, $\qquad g(t) = te^{-t}$

3.2 $h(t) = 100(1 - e^{-t/480}) + 200$ mm となるので,

$t = T$ のとき $h = 263$ mm, 最終平衡水位 ($t \to \infty$ のとき) $h = 300$ mm

3.3 (1) $G(s) = \dfrac{E_o(s)}{E_i(s)} = \dfrac{1}{1 + RCs}$

(2) $y(t) = 1 - e^{-2t}$, $g(t) = 2e^{-2t}$ となるので, インディシャル応答曲線は図 B.1, インパルス応答曲線は図 B.2 のようになる.

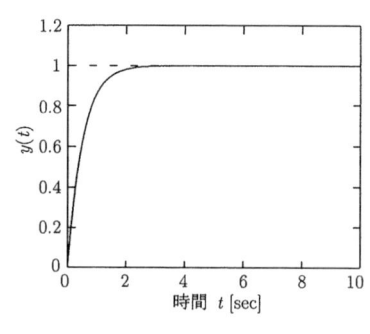

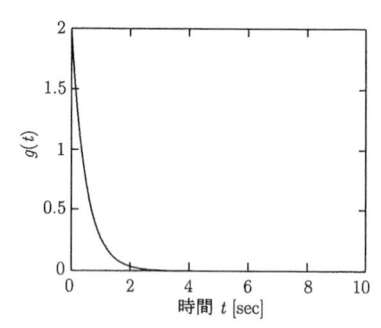

図 B.1 インディシャル応答

図 B.2 インパルス応答

3.4 (1) $G(s) = \dfrac{Y(s)}{F(s)} = \dfrac{1}{Ms^2 + Ds + K}$

(2) $\omega_n = 20$ rad/sec, $\zeta = 0.5$

(3) $y(t) = 25\left\{1 - \dfrac{2}{\sqrt{3}}e^{-10t}\sin(10\sqrt{3}t + \pi/3)\right\}$ mm

3.5 $\zeta = 0.404$, $\omega_n = 6.87$ rad/sec, $\lambda = 0.062$

3.6 図 B.3 のように2つの応答は, ほとんど同じ波形であり, 代表極で応答が決まることがわかる.

3.7 (1) $\dfrac{Y(s)}{U(s)} = \dfrac{s + 12}{(s+6)(s+2)}$, $\quad y(t) = 1 - \dfrac{5}{4}e^{-2t} + \dfrac{1}{4}e^{-6t}$

(2) $\dfrac{Y(s)}{U(s)} = \dfrac{5}{s^2 + 4s + 5}$, $\quad y(t) = 1 - e^{-2t}(\cos t + 2\sin t)$

3.8 本章参照

3.9 本章参照

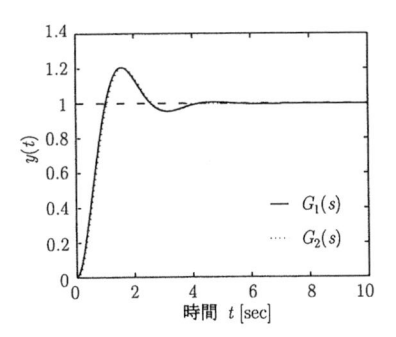

図 B.3 インディシャル応答

3.10 伝達関数 $G(s)$ を $G(s) = G_1(s)G_2(s)G_3(s)$ とし, $G_1(s) = 1/s$, $G_2(s) = 1/(1+0.1s)$, $G_3(s) = 10/(1+0.01s)$ とする. このとき, $G_1(s)$, $G_2(s)$, $G_3(s)$ のボード線図は, それぞれ下図のようになるので, これらを足し合わせると図中の G として, ボード線図を描くことができる.

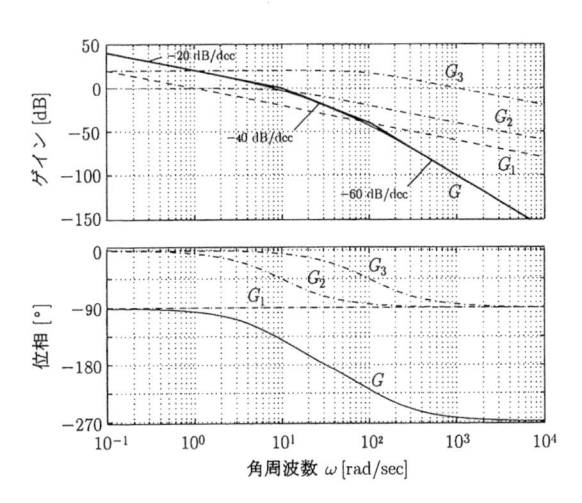

図 B.4 ボード線図

3.11 (1) $G(s) = \dfrac{1}{1+2s}$ (2) $G(j\omega) = \dfrac{1}{1+2j\omega}$

(3) $|G(j\omega)| = \dfrac{1}{\sqrt{1+(2\omega)^2}}$ (4) $\angle G(j\omega) = -\tan^{-1}(2\omega)$

(5) 図 B.5 参照   (6) 図 B.6 参照

図 B.5　ナイキスト線図

図 B.6　ボード線図

3.12 (1) $G(s) = \dfrac{1}{100s^2 + 200s + 1500}$　　(2) $G(j\omega) = \dfrac{1}{(1500 - 100\omega^2) + j200\omega}$

(3) $|G(j\omega)| = \dfrac{1}{\sqrt{(1500 - 100\omega^2)^2 + (200\omega)^2}}$

(4) $\angle G(j\omega) = -\tan^{-1} \dfrac{200\omega}{1500 - 100\omega^2}$

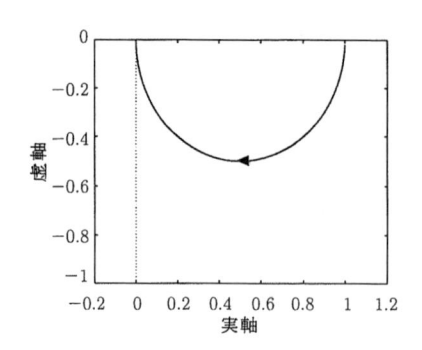

(5) 図 B.7 参照　　(6) 図 B.8 参照

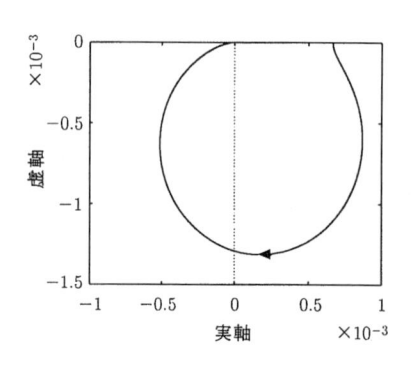

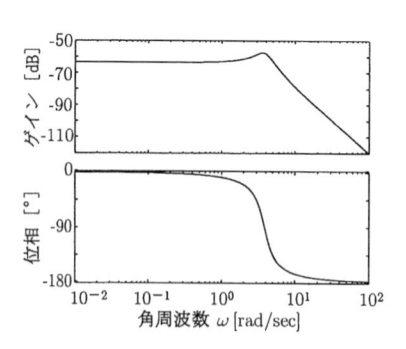

図 B.7　ナイキスト線図

図 B.8　ボード線図

4.1 (1) 不安定 (不安定な極の数 2 個)　　(2) 安定

(3) 安定限界　　(4) 不安定 (不安定な極の数 2 個)

4.2 (1) $K > 0.5$　　(2) $4 < K < 8$

4.3 (1) $K > -2$　　(2) $0 < K < 30$

B. 練習問題解答

4.4 (1) 一巡伝達関数の不安定極の数 $N = 1$ であり，ナイキスト軌跡が $-1+j0$ を回る回数は図 B.9 に示すように，$\Pi = 1$ である．$N = \Pi$ なので安定である．

(2) 一巡伝達関数は安定であるため，$N = 0$ である．図 B.10 に示すように，ナイキスト軌跡は $-1 + j0$ を右に見て回るため，$\Pi = 1$ である．$N \neq \Pi$ なので不安定である．

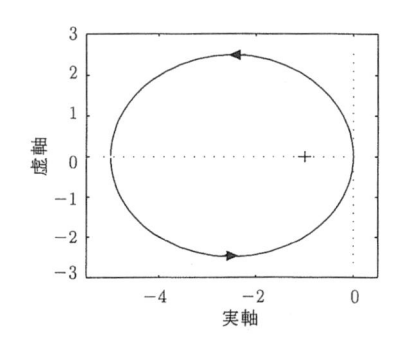

図 B.9 (1) のナイキスト線図

図 B.10 (2) のナイキスト線図

4.5 GM=13.6 dB (ω_{pc}=4.47 rad/sec)，PM=37.4 ° (ω_{gc}=1.82 rad/sec)

4.6 $K = 1$

5.1 目標角速度を ω_0 とすると，ラプラス変換の最終値の定理を用いて，出力の定常値がそれぞれ次のように得られる．
フィードフォワード制御：$\omega_0(1 + \delta K_a/K_a)$
フィードバック制御：$\omega_0 K_B(K_a + \delta K_a)/\{K_B(K_a + \delta K_a) + 1\}$
したがって，例えば $K_a = 1$, $\delta K_a = 0.1$, $K_B = 100$ とすると，それぞれ 10%，1%の変動となる．

5.2 (1) $K_p = 4/5$, $K_v = 0$ (2) $K_p = 1/7$, $K_v = 0$
    (3) $K_p = \infty$, $K_v = 1/4$ (4) $K_p = \infty$, $K_v = \infty$

5.3 (1) 制御対象に微分特性がないとして，ステップ外乱に対しては，制御器に積分器が一つ以上あること．ランプ外乱に対しては，制御器に積分器が二つ以上あること．

(2) 定常状態で誤差も正弦波であるから，外乱から誤差へのゲインを周波数 ω_0 で計算すると以下のようになる．

$$\left|\frac{E(j\omega_0)}{D(j\omega_0)}\right| = \left|-P(j\omega_0)\bigg/\left\{1+\frac{P(j\omega_0)}{(j\omega_0)^2+\omega_0^2}\right\}\right| = 0$$

5.4 $\omega_{gc} = \omega_n\left(\sqrt{4\zeta^4+1}-2\zeta^2\right)^{\frac{1}{2}}$, $\omega_{bw} = \omega_n\left[(1-2\zeta^2)+\sqrt{4\zeta^4-4\zeta^2+2}\right]^{\frac{1}{2}}$
これより，例えば $\zeta = 0$ のとき，$\omega_{bw} \simeq 1.55\omega_n = 1.55\omega_{gc}$ となり，$\zeta = 1$ のとき，$\omega_{bw} \simeq 1.32\omega_{gc}$ となる．

5.5 $\left|\tilde{P}/P - 1\right| = \left|e^{-jL\omega}-1\right| \leq W_2, \forall\omega, 0 \leq L \leq 0.1$ を満たす $W_2(s)$ として，例えば $W_2(s) = 2s/(0.1s+1)$ を採用し，摂動モデルは式 (5.28) で表される．

6.1 図 6.36 の特性方程式は，$s^2 + (1+K)s + 3K = 0$ である．解は

$$s = \frac{-(1+K) \pm \sqrt{K^2 - 10K + 1}}{2}$$

であるから，$K = 0$ のとき $s = 0, -1$，$0 < K \leq 0.1$ のとき異なる 2 実根，$0.1 < K \leq 9.9$ のとき共役複素根，$9.9 < K$ のとき異なる 2 実根となる．根軌跡は，図 B.11 のようになる．

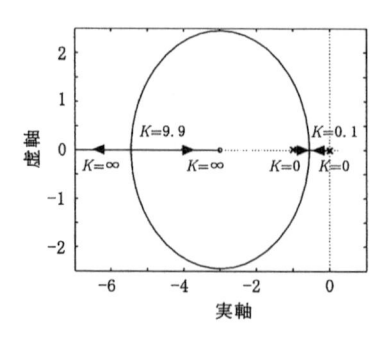

図 B.11 根軌跡

6.2 ゲイン補償のみの場合，根軌跡を描けば図 B.12 となる．複素平面上，ゲイン K の値によらずに右半平面に根軌跡が存在するので，常にこのシス

テムは不安定である．

PDコントローラを用いた場合は，$K > 4$であれば根軌跡は常に左半平面に存在し安定となる．根軌跡を図B.13に示す．また，根軌跡が実軸上に存在するので，振動的な挙動をせずに目標値に追従する過制動な応答を示す．

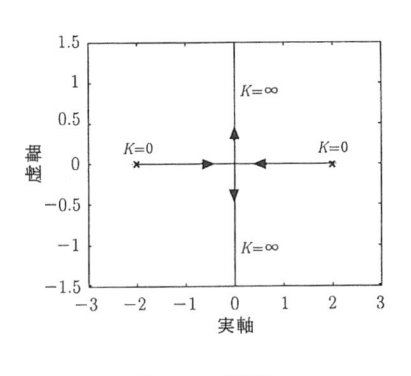

図 B.12　根軌跡

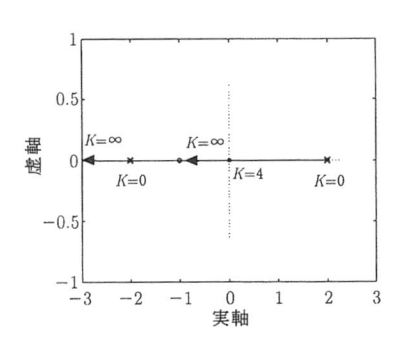

図 B.13　根軌跡

6.3 (a) 根軌跡図B.14より$K = 1$　(b) 根軌跡図B.15より$K = 2$

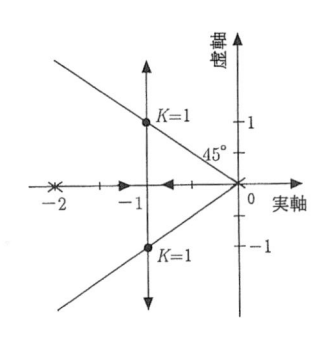

図 B.14　根軌跡

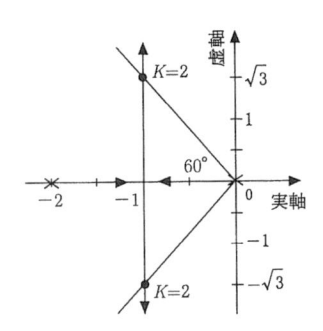

図 B.15　根軌跡

6.4 p.90, 5.1.2 (2)において$a = 1$とすると，

$$K_v = \lim_{s \to 0} sP(s) = \lim_{s \to 0} \frac{K}{s+1} = K \geq 10$$

$K = 10$として開ループ系のボード線図を描き，位相余裕を読みとると18°．

これは条件を満たしていない. $45° - 18° = 27°$ であるが余裕をみて位相を $32°$ 進ませる. 式 (6.12) より $a = 3.25$ が求められ, $20\log_{10} 3.25 = 10.25$ dB となり ω_m においては 5.12 dB となる. そこで, $P(s)$ において -5.12 dB なる周波数は $\omega_m = 4.23$ rad/sec が得られる. 式 (6.11) より $T = 0.131$ が求められ, $aT = 0.426$ であるから位相進み補償は

$$C(s) = \frac{1 + 0.426s}{1 + 0.131s}$$

となる.

6.5 位相進み補償の場合, 開ループ系のボード線図を描き位相余裕を読みとると約 $18°$ である. $40° - 18° = 22°$ であるが余裕をみて位相を $45°$ 進ませる. 式 (6.12) より $a = 5.83$ が求められ, $20\log_{10} 5.83 = 15.31$ dB となり ω_m においては 7.66 dB となる. そこで, $P(s)$ において -7.66 dB なる周波数は $\omega_m = 9.72$ rad/sec が得られる. 式 (6.11) より $T = 0.0426$ が求められ, $aT = 0.248$ であるから位相進み補償は

$$C(s) = \frac{1 + 0.248s}{1 + 0.0426s}$$

となる.

位相遅れ補償の場合, 開ループ系のボード線図を描き位相が $-135°(= -180° + 45°)$ となる周波数を見つけると $\omega_{gc} = 3.28$ rad/sec. これが補償後のゲイン交差周波数. この ω_{gc} において一巡伝達関数 $C(s)P(s)$ のゲインが 0 dB になるような補償器をの a, T を設定すればよい. $P(j\omega_{gc}) = 7.91$ dB であり, 位相遅れ補償は高域で $20\log_{10} a$ 低下することを考えれば, $20\log_{10} a = -7.91$ より $a = 0.402$ が得られる. また, 折点角周波数 $1/(aT)$ は通常 ω_{gc} より 1 デカード低い点に選ばれるから, $1/(aT) = \omega_{gc}/10 = 0.328$, $T = 7.58$, $aT = 3.046$. よって, 位相遅れ補償は

$$C(s) = \frac{1 + 3.046s}{1 + 7.576s}$$

となる.

6.6 $P(s)$ は安定であるので,式 (6.42) により,

$$N_p(s) = P(s), \ D_p(s) = 1, \ N_c(s) = 0, \ D_c(s) = 1$$

6.7 p.130 例題に沿って計算すると,

$$C_Q(s) = \frac{4s^3 + 12s^2 + 10s + 4}{s(s^2 + 1)}$$

A.1 (1) $F(s) = \dfrac{2}{s}$ (2) $F(s) = \dfrac{2}{s^2}$

(3) $F(s) = \dfrac{1}{s^3}(3s^2 + 4s + 2)$ (4) $F(s) = \dfrac{e^5}{s+3}$

(5) $F(s) = \dfrac{1}{(s+2)^2}$ (6) $F(s) = \dfrac{1}{s^2 - 2s + 2}$

(7) $F(s) = \dfrac{s^2 + 2}{s(s^2 + 4)}$ (8) $F(s) = \dfrac{2}{s} + \dfrac{2}{s^2}e^{-s}$

A.2 (1) $f(t) = \dfrac{1}{3}t(t^2 + 3)$ (2) $f(t) = 2e^{-t}$

(3) $f(t) = te^{2t}$ (4) $f(t) = e^{-t} + e^{-2t}$

(5) $f(t) = 2e^{-3t} + 3e^{-t}$ (6) $f(t) = 2t^2 e^{-t}$

(7) $f(t) = \sin 5t + \cos 5t$ (8) $f(t) = e^{-2t}(\sin 3t + \cos 3t)$

A.3 (1) $x(t) = \dfrac{1}{2}(e^{-t} - e^{-3t})$ (2) $x(t) = te^{-3t}$

(3) $x(t) = (t+1)e^{-t}$ (4) $x(t) = \dfrac{1}{6}(3 + e^{-2t} - 4e^{-\frac{1}{2}t})$

A.5 (1) $N_p(s) = \dfrac{1}{s+1}, \ D_p(s) = \dfrac{s-1}{s+1}, \ N_c(s) = 2, \ D_c(s) = 1$

(2) $N_p(s) = \dfrac{1}{(s+1)^2}, \ D_p(s) = \dfrac{(s-1)(s-2)}{(s+1)^2},$

$N_c(s) = \dfrac{19s - 11}{s+1}, \ D_c(s) = \dfrac{s+6}{s+1}$

(3) $N_p(s) = \dfrac{2}{(s+1)^2}, \ D_p(s) = \dfrac{s-1}{s+1}, \ N_c(s) = 2, \ D_c(s) = \dfrac{s+3}{s+1}$

文　　献

1) 木村英紀：制御工学の考え方，講談社（ブルーバックス），2002
2) 古田勝久，山北昌毅（訳）：制御工学の歴史，コロナ社，1998
3) 計測自動制御学会（編）：自動制御ハンドブック　基礎編，オーム社，1983
4) 伊藤正美：自動制御概論 (上・下)，昭晃堂，1983・1985
5) 樋口龍雄：自動制御理論，森北出版，1989
6) 市川邦彦：自動制御の理論と演習，産業図書，1962
7) 近藤文治編，前田和夫，岩貞継夫，坪井治広：基礎制御工学，森北出版，1977
8) 徳丸英勝編著，田中輝夫，村井良太加，屋敷泰次郎，雨宮孝：自動制御，森北出版，1981
9) 長谷川健介：基礎制御理論［I］，昭晃堂，1981
10) 中野道雄，美多勉：制御基礎理論［古典から現代まで］，昭晃堂，1982
11) 藤堂勇雄：制御工学基礎理論，森北出版，1987
12) 小林信明：基礎制御工学，共立出版，1988
13) 中野道雄，高田和之，早川恭弘：自動制御，森北出版，1997
14) 今井弘之，竹口知夫，能瀬和夫：やさしく学べる制御工学，森北出版，2000
15) B.C. Kuo：Automatic Control Systems, Prentice-Hall, 1982
16) G.F. Franklin, J.D. Powell and A Enami-Naeini：Feedback Control of Dynamic Systems, Addison Wesly, 2002
17) J.C. Doyle, B.A. Francis and A.R. Tannenbaum：Feedback Control Theory, Macmillan, 1992
18) 片山徹：フィードバック制御の基礎，朝倉書店，1987
19) 遠藤耕喜，竹内倶圭，樋口幸治：制御理論講義，昭晃堂，1987
20) B. Shahian and M. Hassul：Control system design using MATLAB, Prentice-Hall, 1993
21) 野波健蔵，西村秀和：MATLAB による制御理論の基礎，東京電機大学出版局，1998
22) 野波健蔵，西村秀和，平田光男：MATLAB による制御系設計，東京電機大学出版局，1998
23) 杉江俊治，藤田政之：フィードバック制御入門，コロナ社，1999
24) 足立修一：MATLAB による制御工学，東京電機大学出版局，1999

索　引

安定余裕　81

行き過ぎ時間　32
行き過ぎ量　32
位相遅れ補償　113
位相交差周波数　81
位相進み補償　113
位相線図　56
位相余裕　82
1型の制御系　91
1次遅れ要素　18
1次進み要素　19
位置偏差定数　90
インディシャル応答　31
インパルス応答　38
インパルス信号　29

H_∞ ノルム　139
円盤型の不確かさ　100

遅れ時間　32
重み関数　31
折れ点周波数　59

外乱除去　86
過減衰　37
過渡応答　29
過渡項　41
過渡特性　33
還送差　73
感度関数　129

既約分解表現　125
共振ピーク　94
強制項　41
極　15
極零相殺　74

ゲイン交差周波数　82
ゲイン線図　56
ゲイン余裕　82
限界感度法　109
減衰係数　37
厳密にプロパー　14

公称モデル　97
固有角周波数　37
根軌跡　106

時間領域　29
時定数　34
時不変システム　10
時変システム　10
集中定数システム　10
周波数応答　45
周波数伝達関数　49
乗法的摂動　99
乗法的不確かさ　99
振幅減衰比　38

数学モデル　11
ステップ応答　31

174

索 引

ステップ信号　29
スモールゲイン定理　104

整定時間　32
静的システム　10
積分要素　16
零点　15
線形システム　10

相補感度関数　129
速度偏差定数　90

代表極　42
立ち上がり時間　32
単位ステップ関数　30

直列結合　23

定加速度信号　30
定常位置偏差　90
定常速度偏差　90
定常特性　33, 88
定常偏差　89
定速度信号　30
デルタ関数　30
伝達関数　13

動的システム　10
特性多項式　69
特性方程式　69

ナイキスト線図　50
ナイキストの安定判別法　76
内部安定性　123
内部モデル原理　133

2次遅れ要素　20
2自由度制御系　134
入出力安定　67

ノミナルモデル　97

バンド幅　93

PIDコントローラ　108
非線形システム　10
微分要素　16
比例制御　87
比例要素　15

フィードバック結合　24
フィードバック制御　5, 86
フィードフォワード制御　6, 86
不足減衰　36
不確かさの重み関数　99
ブロック線図　22
プロパー　14
分布定数システム　10

並列結合　23
ベクトル軌跡　50
ベズー等式　126

むだ時間　32
むだ時間要素　21

有界入力有界出力安定　67

ラウス・フルビッツの安定判別法　71
ラプラス変換　146
ランプ信号　29

臨界減衰　37

ループ整形　139

0型の制御系　90

ロバスト安定条件　102
ロバスト安定性　94
ロバスト性　94